幸福園遊會

蛋糕甜點、飲品鹹食、餅乾零嘴一網打盡，一書在手，
園遊會、慶生會、開 Party 不用愁

管的幸福烘焙聯合國 ——— 著

第一本大放異采，第二本再接再厲！
用烘焙做愛心，大家一起來！

親愛的朋友們，大家好！我是臉書「管的幸福烘焙聯合國」社團社長兼管理員——邱嘉慧，還記得2017年11月，我的十二金釵好朋友，一起合著了《幸福烘焙的第一本書》，締造銷售佳績之餘，也讓我們捐出近百萬元版稅幫助三個公益團體，謝謝大家的愛心！

一起玩烘焙的過程中，常遇到烘友提問：「我是烘焙新手，小孩的學校舉辦園遊會／同樂會／慶生會，我可以做什麼簡單的點心販售，或是讓孩子與朋友們分享呢？」多位社員的經驗分享，提供了我做第二本公益食譜書的靈感，於是決定編著以「園遊會／同樂會／慶生會」為主題的新書，精心挑選11位熱心媽媽＋可愛姐姐，示範多種適合新手操作的美味點心。一書在手，可以陪伴孩子從幼兒園到大學畢業，美味的程度甚至可以小資創業，讓你賺入第一桶金，補貼購買烘焙材料與上課的學費！

第一本食譜的作者，多為社團發文熱門食譜的創作者，這一本書的特色，則是一群熱心參與活動、勇於嘗試新事物的新女性，感謝妳們的勇敢，接下創作新書的挑戰！

接下來，由我為大家簡單介紹作者群：

Catherine Chen ── Catherine常參與孩子的學校活動，工作之餘，也樂於上課學習，一次又一次的作品分享，都可以看出進步的軌跡。

Cuite Wang ── Cuite的杏仁瓦片食譜已收錄在《幸福烘焙的第一本書》，老師擅長餅乾製作，多次在社團分享食譜，深表感謝。

Diana（宋佳珣） ── 佳珣主動和我聯繫加入第二本書的出書團隊，也很熱情的提供食譜建議。她是一位專業的裱花老師，手藝精湛，細心嚴謹，事事為學生設想，是我很推薦的一位老師。

Grace Chi —— Grace是我多年的好友，本身經營個人工作室，努力考取證照，提升自我實力，擅長宴會小點心以及吐司製作；個性低調不鋪張，有光芒但不刺眼，是我對她的認識。

人愛柴 —— 愛柴非常喜歡待在廚房，中西式料理點心都難不倒她，除了手藝佳，拍攝照片的功力也令人佩服，是位個性率直幽默的好社員。

王甜芳 —— 甜芳加入團隊的契機是社員大力推薦，認為老師本身熱心公益，而我和甜芳結緣於一爐「剖腹奇案公主饅頭」，當時在社團引起熱議，甜芳也將這筆販售饅頭的金額捐做公益，讓我印象深刻。

何蔓妮 —— 蔓妮擅長華麗風格的麵包與點心製作，美感絕佳、喜歡與孩子同樂，有耐心、有愛心，是一位樂於分享的美麗姐姐。

柏林娜 —— 柏林娜對孩子的照顧無微不至，多款低糖點心都是為孩子設計調整。個性執著堅定，對烘焙始終保持高度熱誠。

張詩佩 —— 詩佩與我是因「太陽花鳳梨酥」而結緣，感謝老天讓我們牽起友誼的橋梁。她是一位終日忙於照顧家庭的好媽媽、好太太，用美味自製便當照顧家人，並且勤於製作甜點與大家分享。

楊靜雅 —— 靜雅對孩子的教養和努力，讓我佩服！本身具備多種證照資格，對教育很有想法，並且落實在生活態度，實屬不易！

聶家琪 —— 家琪擅長拍攝影片，曾經分享過多款彩虹系列甜點，2018年萬聖節期間，甚至以可愛擬真的毛毛蟲麻糬示範製作登上各大媒體。

　　社團中的這11位貴人，帶著分享的態度與熱心公益的精神，完成了幸福烘焙的第二本書，在此向老師們說聲謝謝！同樣的，我們會將版稅全額捐出，幫助三個公益團體——失親兒基金會、罕見疾病基金會、育成社會福利基金會，將大家的小愛化作大愛，用實際行動回饋社會！！

　　感謝社員對我們的相挺，期盼食譜再創佳績！

管的幸福烘焙聯合國　社團

社長兼管理員　**邱嘉慧**

目錄

第一本大放異采，第二本再接再厲！
用烘焙做愛心，大家一起來！

Part 1　餅乾 & 零嘴

Part 2　蛋糕 & 甜點

Part 3

飲品 & 餐包鹹點

書中「示範影片」這樣看！

❶ 手機要下載掃「QR Code」（條碼）的軟體。

Android 版　　iPhone 版

❷ 打開軟體，對準書中的條碼掃描。

❸ 就可以在手機上看到老師的示範影片了。

編按：

1 目錄中標示▶者，表示有全部或部分示範影片。

2 本書中標示之「售價」僅供參考。

Part 1
餅乾＆零嘴

來呦！來呦！快來做呦！
這裡有好吃的造型餅乾、彩色甜筒、美味的爆米花……，
每一樣都是簡單、好吃，又容易上手！
花一點時間，
立刻就可以做出吸睛又好吃的餅乾＆零嘴，
不僅在園遊會大放異采，就是出現在慶生會上，
也會讓小朋友們尖叫連連！

OREO 獨角獸造型餅乾

隨處都買得到的 OREO 餅乾，是個有無限潛能的璞玉，
這經典不敗全球最暢銷的餅乾，同時是大小朋友的最愛，
靜雅老師將 OREO 餅乾換個臉孔，設計成可愛的獨角獸
餅乾，大人小孩肯定都會為之瘋狂、愛不釋手！

份量	6 個
模具／道具	翻糖模、食用膠水、食用黑色畫筆、棒棒糖紙棍
製作時間	30 分鐘
賞味期	密封常溫保存 2 週
建議售價	80 ～ 100 元／包

食譜示範：楊靜雅

 材料

OREO餅乾香草白色	1盒
白巧克力	150克
白色翻糖	30克
藍色翻糖	30克
粉色翻糖	30克
黃色翻糖	30克
粉紅色色粉	少許
食用膠水	適量
玉米粉	適量

裹白巧克力

1
白巧克力隔水加熱融化備用。

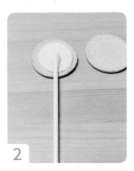

2
將OREO餅乾轉開，紙棍沾取少許融化的白巧克力，置於餅乾中央。

3
蓋回另一片餅乾，待冷卻固定。

4
將餅乾整個裹上融化的白巧克力，置於烘焙紙上待乾。

造型翻糖

5
取出各色翻糖各30克備用。

6
取3克藍色翻糖，搓成約10公分長的水滴狀。

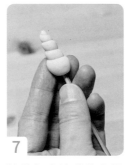

7
將藍色水滴狀的翻糖繞著牙籤轉成螺旋狀。

8
將牙籤取出，完成獨角獸角。

9
取1克白色翻糖搓成約黃豆大小水滴狀。

10
以翻糖工具壓出獨角獸耳朵凹槽。

11
在翻糖模先撒上些許玉米粉。

12
再將各色翻糖壓在想要的花形上。

組合 & 包裝

13
翻出各式花朵，準備裝飾餅乾。

14
沾取食用膠水，在餅乾上方輕輕抹上。

15
將獸角黏在OREO餅乾頂端。

16
將兩個耳朵黏在獨角獸角的兩側。

17
將各色翻糖花朵黏在獨角獸的角及耳朵的周圍當頭髮。

18
在耳朵凹槽處刷上粉色色粉當內耳，及餅乾下緣兩側刷上一點代表腮紅。

19
用黑色畫筆畫出微笑餅乾的眼睛即完成。

20
使用15×8公分的包裝袋，加上可愛魔術帶單根捆綁即可。

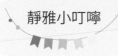

靜雅小叮嚀

1 翻糖可以在烘焙材料行購買，也可以自行製作，但是製作過程有些複雜，建議購買成品比較方便。

2 翻糖可以買單一的白色，再用色膏調成想要的顏色，也可購買現成的有色翻糖。

3 翻糖怕水和潮濕，因此用保鮮膜包覆後放在常溫乾燥的地方密封保存即可，並避免日光直射。

4 食用膠水可於烘焙材料行購買泰勒粉，以泰勒粉：水＝1：50的比例混合均勻，即可使用。

示 範 影 片

海洋沙灘球

夏季最愛到海邊玩水，更愛吃冰冰涼涼的甜點，詩佩老師將這兩者結合，把到海邊踏浪、拾貝殼的樂趣，完整呈現在這「海洋沙灘球」裡，吃下一口，滿嘴氣泡的微妙滋味，讓人彷彿置身在沙灘中漫步！

份量	10 顆
模具／道具	透明球模 10 個、貝殼矽膠模
賞味期	密封冷藏保存 7 天
建議售價	50 元／個

食譜示範：張詩佩

材料

乳酪糊

吉利丁片A	10克
冰水	適量
奶油乳酪	250克
細砂糖	100克
無糖優格	100克
檸檬汁	半顆
動物性鮮奶油	250克

藍色海洋

吉利丁片B	25克
雪碧	500克
藍色色粉	少許

裝飾

白巧克力	適量
孔雀餅乾	適量
椰蓉或防潮糖粉	適量

事前準備

1

孔雀餅乾捏碎備用。

2

將吉利丁片A及B分別泡冰水中，軟化後擠乾備用。

3

將擠乾的吉利丁片A及B，分別放入碗中隔水加熱，融化備用。

乳酪糊

4

奶油乳酪、糖放入攪拌盆中，以手持電動打蛋器攪拌到光滑無顆粒狀。

5

將無糖優格倒入，拌勻後，再倒入檸檬汁，攪拌均勻。

6

分次加入融化後的吉利丁A，每加入一次就攪拌均勻，直至所有融化的吉利丁用盡，拌勻成乳酪糊。

7

將步驟6的乳酪糊過篩。

8

動物性鮮奶油倒入鋼盆，以手持電動打蛋器將動物性鮮奶油打到6分發。

9

取1/3打發好的動物性鮮奶油和步驟7的乳酪糊拌勻。

10

再將剩餘的動物性鮮奶油倒入，輕拌均勻。

11

將乳酪糊倒入擠花袋，擠入球模約2/3處。

12

提起球模輕敲桌面震出空氣後，置於冰箱冷藏至少2小時。

藍色海洋

13 將雪碧倒入鍋中，以小火煮開，倒入融化後的吉利丁B。

14 準備3個碗，分別放入不同份量的藍色色粉。

15 將步驟13分別倒入，調出深淺不同的藍色汽水，放入冰箱冷藏1小時成為藍色雪碧汽水凍。

16 將果凍依深淺色裝入塑膠盒中方便保存，也有利後續做出漂亮的漸層效果。

海洋生物

17 將白巧克力放入大碗中，隔水加熱融化。

18 融化的白巧克力倒入擠花袋，將巧克力填入貝殼模內，置於一旁凝固備用。

組合＆包裝

19 取出漸層的藍色雪碧汽水凍，以叉子弄碎備用，做出擬真的漸層海水效果。

20 取出球模，將步驟1孔雀餅乾碎，鋪在球模下方，當作沙灘。

21 再以防潮糖粉或椰蓉做出一條細細有彎曲感的海浪，鋪在球模的中央位置。

22 汽水凍依顏色深淺，由下而上鋪在球模的上半部當作海洋。

23 取出步驟18完成的貝殼巧克力做裝飾。

24 完成的沙灘球，蓋上透明蓋，單顆販售。

1 奶油乳酪要先回溫，才易攪拌到光滑無顆粒，同時乳酪糊建議過篩，口感才會滑順。

2 鮮奶油打至約6分發，拉起時會順勢滴落狀，一旦過發，做出來會成為慕斯口感。

3 藍色海洋的顏色，可用蝶豆花粉來代替；香草糖可用一般砂糖代替。

4 若沒有椰蓉，可用防潮糖粉取代。

關於詩佩

烘焙路上 與你同行

「烘焙」二字，是甜而不膩、是當下小確幸中自我陶醉的大天地。

當初因為一顆巧克力古典蛋糕而踏入了這個深坑，時至今日，我卻仍然忘不了當初挑戰成功的感動與喜悅。烘焙這一路走來，從懵懂中入坑，到今天家裡的空間漸漸被烘焙器材淹沒，謝謝總是無條件支持我的金主跟孩子們，讓我有更多的熱情投入這幸福的小天地。

近幾年來層出不窮的食安問題，讓我更慎重選擇該給家人們入口的東西，現在資訊發達，很容易爬到各式各樣的創作靈感與經驗分享，看著老師及前輩們分享著食譜與做法，也讓自己勇於接受新的挑戰。

還記得2017年的中秋節，我接了朋友300個花朵酥，從未接單的我，憑著對朋友的信任，沒有訂金，甚至沒有討論價錢，就衝動的完成了訂單。沒想到卻被朋友棄單，傷心的我在社團上求助，遇到了給我滿滿愛的管管—嘉慧，她特別為我在社團辦了一個活動，讓被棄單的花朵酥溫暖了更多人，這種感動我一輩子都會放在心裡慢慢回味。所以當管管找上我時，即使心裡再害怕、再驚訝，我還是義不容辭的答應了。

很高興能在烘焙世界中認識許多朋友，這次很榮幸能分享及參與這麼有意義的活動，從驚訝、害怕到現在的全力以赴，真心感謝社團的每一位烘友，初生之犢的我，謝謝你們給我無可計數的溫暖與鼓勵，我也期待大家在這幸福的天地中，盡情揮灑屬於自己的色彩與夢想，我們在烘焙的道路上，一起攜伴同行！

蔓越莓牛軋小圓餅

做法請見下一頁！

蔓越莓牛軋小圓餅

一直深受許多人喜愛的牛軋餅，通常是用蘇打餅乾夾上牛軋糖。Catherine 老師將蘇打餅乾換成鹹香小圓餅，更將牛軋夾心拌上酸甜蔓越莓，吃起來更是涮嘴！這個點心操作方便快速，非常適合當作朋友聚會時的小點心，節慶時也很適合拿來當伴手禮。

份量	46 個小圓餅，可裝半斤手提袋 2 袋
模具／道具	耐熱矽膠刮刀或木鏟、不沾烘焙布、不沾鍋
賞味期	密封常溫保存 15 天
建議售價	170 元／袋／半斤

食譜示範：Catherine Chen

材料

超迷你棉花糖（0.5公分）	55克
無鹽奶油	30克
奶粉	25克
蔓越莓乾	40克
杏仁角	20克
小圓餅	約92片

事前準備

1 蔓越莓乾切小塊、杏仁角以上下火150℃烘烤4～5分鐘烤香，顏色呈黃褐色。

2 準備不沾烘焙布放在一旁備用，無鹽奶油置於室溫備用。

內餡

3 取一個不沾鍋放入奶油，以小火隔水加熱融化，再將棉花糖放入。

4 繼續隔水加熱，用耐熱矽膠刮刀邊攪拌至完全融化即可關火。

整型

5 加入奶粉，迅速拌勻，加入杏仁角及切碎的蔓越莓乾，趁熱快速拌勻成團。

6 將內餡趁熱放在不沾烘焙布上，利用烘焙布與刮刀輔助，將內餡整成圓柱形。

7 使用塑膠刮板將內餡平均切割成小塊（約3～4克）。

8 取一片小圓餅，放上適量的蔓越莓牛軋內餡。

包裝

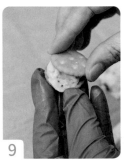

9 再放上另一片小圓餅，輕壓餅乾固定內餡即可。

10 好吃又可愛的蔓越莓牛軋小圓餅完成。

11 將小圓餅每個獨立包裝，再裝入手提夾鏈袋中，每袋裝入20～23個，就是份送禮或販售好物。

Catherine 小叮嚀

1 不同品牌棉花糖黏稠度不同，要適量調整奶粉用量，內餡若太稀無法成團，可以適當添加奶粉。

2 若覺黏手不好操作，可抹少許無鹽奶油在手上；也可以用湯匙挖餡放在餅乾上。操作的動作盡量快一些，天氣冷變硬速度會加快，就不易沾黏在餅乾上。

3 杏仁角是為了增加口感層次，可省略或直接改成蔓越莓60克。

4 想要多做其他口味，可以試試以下配方：

杏仁可可牛軋餅：原配方奶粉25克，改成奶粉20克＋過篩可可粉5克；蔓越莓以40克杏仁角取代。

抹茶風味牛軋餅：原配方奶粉25克，改成奶粉20克＋過篩抹茶粉5克。

起司風味牛軋餅：將奶粉全部換成起司粉即可。

餅乾 & 零嘴

玻璃搖搖餅乾

靠著 2～3 片餅乾層層疊疊黏起來，在裡面放上色彩繽紛的糖珠，搖動時閃亮亮可愛又有趣，既是餅乾又是玩具，非常吸睛。家琪老師將製作原理完整剖析，現在你也可以變化餅乾裡的內容物、畫上喜歡的圖案，創作出屬於自己的搖搖餅乾！

份量	3～4 組
模具／道具	直徑 6～8 公分餅乾模／牌尺 2 支
烤箱	Dr. Goods
烤溫	上下火 170℃
烘烤時間	15 分鐘
賞味期	密封常溫保存 5～7 天
建議售價	80 元／組

食譜示範：聶家琪

材料

餅乾體
低筋麵粉	240克
無鹽奶油	100克
糖粉	70克
中型雞蛋	1顆

玻璃體
黃金糖	數顆

裝飾
裝飾糖珠	適量
巧克力	適量
竹炭粉	少許

事前準備

1

預熱烤箱，並將奶油切小塊置於室溫，軟化備用。

2

糖粉、低粉分別過篩，雞蛋打散備用。

餅乾麵團

3

奶油放入大碗中，用打蛋器或手持式攪拌器開中速將奶油打散，無須打發。

4

糖粉分兩次加入，拌至看不到後，將全蛋液分兩次加入，打發至泛白成奶油蛋液。

整型

5

加入過篩後的低筋麵粉，以拌切方式成團，用保鮮膜包好，放入冰箱冷藏1小時備用。

6

工作檯上放上牌尺，鋪上烘焙紙，紙上撒上手粉擺上麵團，撒粉後再覆蓋一張烘焙紙。

7

擀麵棍以按壓方式，先將麵團弄鬆，再慢慢將麵團擀平。

8

取餅乾模型，模型上沾一點麵粉，在擀開的麵團上壓出約9～12片（需3的倍數）模型麵團。

烘烤

9

取一小圓蓋，在步驟8的模型麵團中間，壓出小圓形，將小圓形麵團以牙籤取出。

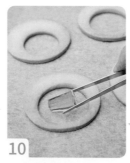

10

確認烤箱已達預熱溫度，放進烤箱中層，先烘烤12分鐘，再放上黃金糖。

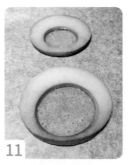

11

入爐繼續烘烤2～3分鐘，一旦糖果完全融化就馬上出爐，置於一旁放涼。

組合

12

選比較漂亮的餅乾當成表層餅乾（有玻璃糖果）。

13

選一塊有玻璃糖果的餅乾為底層餅乾，擠上隔水加熱的巧克力。

14

輕輕的放上中層餅乾（無玻璃糖果），再放入糖珠。

15

在中層空心餅乾上面擠上巧克力。

16

再輕輕的放上表層餅乾（有玻璃糖果）後靜置不動，待巧克力變硬固定。

裝飾 & 包裝

17

待巧克力變乾固定，玻璃搖搖餅乾就完成了。

18

可用竹炭粉（或可可粉）加少許水調勻，或是使用食用色素或黑巧克力，在餅乾上畫上喜歡的圖案。

19

待圖案完成後，即可封口包裝。

家琪小叮嚀

1　台灣天氣潮濕，糖果表面接觸到空氣，一定會濕黏，因此建議盡快組裝裝袋密封。

2　餅乾麵團建議只擀開一次，餅乾表面才會平整漂亮，如果剩下的麵團太多，可以整理好密封好，放入冰箱鬆弛一晚再使用，即可達到一樣的平整效果。

3　餅乾麵團擀開後，建議先試壓一個圓，看麵團軟硬度是否符合期待，若麵團拿起來不會變形，就可以逐一將所有麵團壓完（記得數量要是3的倍數）；如果天氣太熱，麵團在開始壓模時已經軟趴趴，可先送進冷凍庫冰凍10分鐘後再開始壓。

4　因為玻璃搖搖餅乾為一組三片的組合餅乾，中層餅乾直接空心，只有上下兩片餅乾需要玻璃糖果，因此烘烤時，記得要有1/3的餅乾是不需要有玻璃糖果的。

5　這款餅乾若需要大量製作，建議前一天先將餅乾體與圖案造型做好，完成後記得要密封保存，隔天再做玻璃體與組裝。

6　餅乾入爐烘烤12分鐘後取出時，餅乾底部應該要略微上色，且有香味飄散出，再放上黃金糖。

7　我個人習慣使用直徑6或8公分的壓模，中間的空洞我是用附在藥水上面的小藥杯壓的。

8　餅乾相疊時，千萬不要大力壓緊，導致餅乾破裂。巧克力黏合餅乾時，確認巧克力黏滿餅乾，不留細縫，以免空氣跑進去，如此一來也能降低玻璃體跟糖珠受潮的機會。

9　食譜中使用的糖果是在全聯即可買到的「黃金糖」，做出的透明效果較好；一般常見的森永水果糖，做出的效果不夠透明，如果裡面不放糖珠，只是純粹做一般的玻璃餅乾，就不在此限。

10　如果想做更透明的玻璃餅乾，有以下的其餘兩種做法：

A.愛素糖法　　材料：愛素糖 100克

1 將100克愛素糖放入不沾鍋中。

2 中小火加熱煮到160℃關火，靜置，待泡泡減少。

3 倒入餅乾中後，置於一旁待涼。

TIPS

剩下沒有使用完的愛素糖液，可再倒入矽膠模中冷卻後收好，待下次可直接微波加熱使用。

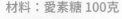

示範影片

B.麥芽糖法　　材料：麥芽糖80克、砂糖170克、水40克

1 將3種材料放入不沾鍋中，以中小火熬煮。

2 煮糖過程，不用搖晃鍋子，只要略微攪拌，煮到135～138℃左右熄火。

3 靜置一下讓糖漿泡泡消失後，再徐徐倒入餅乾中。

TIPS

←家中若無溫度計，可觀察糖漿狀況來判斷是否達溫。當糖漿熬煮過程中出現較綿密的泡泡時，此時可取一點糖漿滴入冷水中，取出時若糖漿變硬，且一折就斷，即表示糖漿已達溫。

3種玻璃體透明度比一比

麥牙糖　　　愛素糖　　　黃金糖

示範影片

焦糖杏仁船形餅

做法請見下一頁！

焦糖杏仁船形餅

日本知名喜餅禮盒中最受歡迎的杏仁船形餅，是許多人的最愛！現在你也可以自己在家做！裝著內餡的「糯米船殼」，在烘焙材料行就買得到，詩佩老師更將內餡做法化繁為簡，讓這款餅乾做起來非常有成就感。

份量	60～70 份
模具／道具	煮糖的鍋子
烤箱	晶工 45L
烤溫	上下火 160℃
烘烤時間	25 分鐘
賞味期	密封常溫保存 2 週
建議售價	20 元／個

食譜示範：張詩佩

材料

無鹽奶油	80克
香草糖	30克
鹽	3克
蜂蜜	50克
動物性鮮奶油	40克
杏仁角	350克
船形糯米餅	50～60個

製作內餡

1 將無鹽奶油、香草糖、鹽、蜂蜜及動物性鮮奶油放入鍋中。

2 以中小火邊煮邊攪拌，直至沸騰後熄火，成為濃稠的糖漿備用。

3 將杏仁角倒入，攪拌均勻。

4 內餡拌勻後，置於一旁放涼備用。

5 將內餡填入船形餅內，仔細填滿。

TIPS
餡料要適量均勻鋪平，不要填入過多，以免烘烤時融化爆餡。

烘烤 & 包裝

6

7 確認烤箱已達預熱溫度，放入中層烘烤，烘烤時間到看餅乾上色狀態，若出現焦糖色，或觀察烤箱內的焦糖餡，焦糖餡跳動愈小，就愈完成焦化，即可出爐。出爐後置涼，使用封口袋單個包裝。

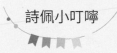

詩佩小叮嚀

1 杏仁角可以換成杏仁片或自己喜歡的堅果，如南瓜籽、松子等，甚至可以做成堅果船，堅果可以不用先烤熟。

2 糖漿容易上色過度，進烤箱後請費心顧爐。

示範影片

彩虹棉花糖甜筒

這是一款非常快速就能上手的點心,家琪老師要讓大家
免用烤箱、不需特殊烘培技巧,就能做出這款非常討喜
的甜點。不管大朋友、小朋友們看到絕對驚呼連連!現
在就來試試,你一定不會失望!

份量	10 支
模具／道具	平底威化杯 10 支
製作時間	30 分鐘
賞味期	密封常溫保存 5 ～ 7 天
建議售價	30 元／支

食譜示範:聶家琪

材料

奶油	30克
棉花糖	120克
彩色早餐穀片	160克
平底威化杯	10支

棉花糖液

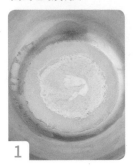

1 將奶油放入小鍋內，以隔水加熱方式讓奶油融化。

2 奶油融化後，棉花糖也倒入小鍋中跟著奶油一起融化。

3 棉花糖融化的過程中，可以使用刮刀攪拌，讓棉花糖更容易與奶油結合。

混合穀片

4 奶油與棉花糖完全融化後，再倒入彩色早餐穀片一起攪拌均勻。

整型

5 以攪拌刮刀將穀片與融化的棉花糖均勻混合。

6 確認所有的穀片都沾上棉花糖後，取出適當大小的烘焙紙，以攪拌刮刀挖取些許穀片放在烘焙紙上塑型。

7 將塑型好的穀片放上平底威化杯。

8 待涼即可包裝封口。

家琪小叮嚀

1 如果選用大顆棉花糖，請先剪成小塊，可加速棉花糖受熱融化。

2 完美的棉花糖液，表面不會有奶油浮出，在下穀片前，建議先靜置10秒左右，確認無奶油浮出，再下穀片；若有奶油浮出，請繼續攪拌至棉花糖與奶油完全融合。

3 在裝填穀片時，瓦斯爐都保持在最小火，讓混合好的食材呈現保溫狀態。

4 剛攪拌好的穀片也別急著裝填，剛攪拌好其實最黏手，可以等個1～2分鐘後再開始裝填。

一顆分享的心，與你在烘焙路上同行

雖然是食品科系畢業的學生，但在大學時對烘焙沒有太大的熱誠與關心，一直到家裡的小朋友誕生，才開始動起手。

猶記孩子開始吃固體食物時，很喜歡吃麵包，想想科班出身的我，做個麵包應該不難，再者也認為自己做比較划算，沒想到卻一頭栽進這條不歸路！

「工欲善其事，必先利其器。」我以這條為信念，任性的買器具、買材料，不斷的洗腦「這是為了做出好吃的麵包給孩子吃，所以投資是值得的！」更誇張的是，明明就是科班出身，我還是花了大筆錢上課進修，但這一切的一切，都只是為了孩子吃下肚的那一個麵包、蛋糕或餅乾，確保它的安全無虞與健康。

很感謝在背後默默支持我的家人，他們包容了我的任性，成就了今天的我。如果說我今天有一些些拿得出手的麵包或甜點，那都是他們的功勞，不僅在金錢上實際支持，也是我的最佳試吃大隊。

我是個素人媽媽，沒有什麼傲人的烘焙成績或經驗，書上分享的3款商品，是我常讓孩子帶去分享的點心，很受到孩子們的喜歡。我個人習慣在製作新的產品前，會先做足功課，像是查資料、抄步驟、抄材料、看影片，甚至是比較食譜與食譜之間的差異性，等到做完了功課才開始動手做。烘焙沒有什麼訣竅，一旦你做足了功課，在製作過程中，遇到的問題相對就變少了，成功率也提高不少。

希望我分享的這3款小點心，也能為你的烘焙之路，增添一點顏色！

示 範 影 片

芝麻方塊酥

愛柴老師的這款方塊酥配方,在社團裡收到上千個讚,
且許多社員跟風狂做,在在證明這配方有多好吃、多涮
嘴!真的!只要做過一次,全家大小都著迷!

材料

份量	36 片
模具／道具	麻將尺或牌尺 2 支 42×33 公分烤盤×1
烤箱	烘王
烤溫	上下火 180℃
烘烤時間	30 分鐘
賞味期	密封加乾燥劑常溫保存 7 ～ 14 天
建議售價	一袋 20 元／袋(3 片)

食譜示範:人愛柴

油皮

中筋麵粉	100克
無水奶油	10克
細砂糖	15克
常溫水	55克

油酥

中筋麵粉	200克
細砂糖	45克
熟黑芝麻粒	15克
無水奶油	110克

33

油皮

1 將油皮材料放入大碗中混合均勻，以手揉或攪拌機混合成團。

2 將成團的油皮以保鮮膜包好，置於室溫鬆弛20分鐘。

TIPS
將油皮慢慢的拉開，延展性明顯變好，可拉出薄膜時，油皮即鬆弛完成。

油酥

3 將油酥材料放入大碗中混合均勻，以刮刀壓拌至材料混合成砂狀。

組合

4 再用雙手將油酥集中壓緊成團，將成團的油酥以保鮮膜包好，置於一旁備用。

5 油皮以擀麵棍略擀成圓形，將油酥麵團放入，慢慢以油皮將油酥包起來呈橢圓球狀，收口朝上。

整型

6 工作檯上撒些手粉，放上麵團，擀麵棍先按壓麵團，再擀成約長30×寬25×厚0.5公分的長方形麵皮。

7 將長方形麵皮自上面1/3處折下來，再將下面1/3處折上去，完成第一次擀折。

愛柴小叮嚀

1 麻將尺可以幫助擀麵團時厚度一致，不用也沒關係喔！

2 油皮的鬆弛是為了讓麵團有延展性；而油皮油酥麵團鬆弛，則是為了讓麵團擀成片狀時比較輕鬆、有彈性且不容易破。

3 擀麵糰前，桌面要適時撒些手粉（高筋麵粉），擀時要輕推，而不是重壓，以防破酥。

4 若真的破酥，只要不是太嚴重，抹些手粉可以繼續擀，不會有太大影響。

5 整型不一定是長方形，也可以用餅乾模做。

6 方塊酥烤一半翻面的目的是讓賣相好看，不翻面也可以。

8

將麵皮轉90度，重複步驟6～7，完成第二次擀折。

9

再將步驟8重複一次，完成三次擀折，以保鮮膜包好，鬆弛15分鐘。

10

麵團鬆弛完，將麻將牌尺置於兩側，以擀麵棍將麵片擀成約長35×寬15×厚0.5公分的麵皮。

11

將長方形麵皮上下左右修切整齊。利用牌尺輔助，將麵皮切成5×3公分大小（約可切成36塊）。

烘烤 & 包裝

12

切好的麵皮放入烤盤，以叉子在上面戳洞，幫助方塊酥裡外受熱均勻。

13

確認烤箱已達預熱溫度，放入烤箱中上層烘烤15分鐘後，將餅乾翻面並將烤盤調頭，再續烤15分鐘，時間到即可出爐，於置涼架放涼。

14

待方塊酥放涼後，即可以每3片一個包裝，袋中可放乾燥劑，保持酥脆口感。

7 剛出爐的方塊酥偏軟是正常的，等冷卻就會是酥脆好吃、層次分明！

8 要做成成功的方塊酥，在擀整的過程中，首先要求要做好每一次的擀折過程，如果擀折做好，烘烤前就會有明顯的層次；且烘烤完成厚度會長高近1倍，以指腹按壓餅乾有彈性就是烤熟。

烤熟　　未烤

水晶麥芽棒棒糖

棒棒糖對小朋友來說,有著不可抗拒的吸引力,一直以來,想要用簡單的方式與單純的材料,做出可愛又漂亮的棒棒糖,所以找了日本麥芽糖粉試試看。這一試,效果果然不錯,加上各式各樣可愛亮晶晶的彩色糖珠,金黃色亮晶晶的水晶麥芽棒棒糖就出現了!

份量	12 支
模具／道具	12 連圓形棒棒糖矽膠模直徑 3.5 公分 棒棒糖紙棍 10 公分 ×12 支 酒精溫度計 不沾單柄雪平鍋 耐熱矽膠刮刀 竹籤
賞味期	密封常溫保存 2 週
建議售價	20 元／支

食譜示範：Cuite Wang

材料

日本麥芽糖粉	220克
水	110克
小顆珍珠彩糖	適量
各式彩色糖片	適量

事前準備

1
備好棒棒糖模具、棒棒糖紙棍、珍珠彩糖。

煮製糖漿

2
日本麥芽糖粉放入鍋中，將水倒入。

3
以矽膠刮刀攪拌至糖粉呈濕潤狀態。

4
將鍋子放在爐子上，開中小火煮，以矽膠刮刀邊攪拌邊煮至糖漿滾開，放上溫度計測量，放置鍋子正中間。

5
一旦糖煮開後，便不要攪拌，直至煮到溫度達134～136℃時，馬上關火，糖漿呈現金黃透明色，靜置約50秒，等大泡泡消失。

TIPS

糖煮開後就不要再攪拌，因為攪拌會將空氣包裹進去，使糖漿內部產生許多小氣泡，導致製成糖果時，透明清澈感會降低。

6
將糖漿倒至模具的一半深度。

7
放上棒棒糖紙棍。

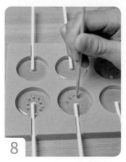

8
用竹籤戳幾個小凹
洞。

TIPS

用竹籤戳洞的目
的，是要讓珍珠
彩糖不易滾動，
方便擺設調整位
置。竹籤的尖頭
可以剪掉一些，
讓頭鈍一點再使
用。

9
放入珍珠彩糖或彩色
糖片，準備倒第二次
的糖漿。

TIPS

置於一旁等候的
糖漿，可能因放
置冷卻導致變
硬而不好倒，可
開火再將糖漿融
化，待呈現流動
狀態時使用。

包裝

10
將另外一半的糖漿倒
入，以倒至模具滿
模，蓋住紙棍為主。

11
冷卻15～20分鐘，即
可脫模取出。

12
脫模時表面會有小氣
泡，可用噴火槍以小火
快速燒一下表面，會使
表面變得更光亮。

13
燒完後待微溫，就
可以使用6×10公分
OPP平口袋＋封口紮
絲來包裝。

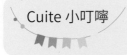
Cuite 小叮嚀

1　如果沒有溫度計，可觀察糖漿的狀況。糖漿開始煮滾
時，會冒許多泡泡，剛開始泡泡會快速的不斷增加，待呈現
緩慢的冒泡且泡泡變大時，已經是快達溫的階段。差不多在
開火計時約14分鐘時，即可將鍋中的糖漿取出一點點，滴入
冷水中測試，當糖漿立刻變成水滴硬球狀，即表示煮糖已達理想溫度。此溫度的糖
果口感是脆硬的，糖溫越煮越高會導致棒棒糖口感越硬。（圖1）

2　日本麥芽糖粉主要以麥芽糖製成粉末狀，成分單一，一般烘焙材料行都買得到，方便使用與保
　　存，與市面上也有別稱麥芽糖粉的「法蘭酥粉」是不同的東西。

3　除了以糖珠裝飾，麥芽糖中間也可以放進如乾燥果粒等其他創意材料。如果不
　　想以中間夾層的方式製作，本配方在糖漿煮好時可加入約1～2小匙的水果粉，
　　如天然草莓粉，攪拌均勻再入模，可變化不同風味口感的棒棒糖。（圖2）

4　如果沒有棒棒糖矽膠模具，也可以將糖漿直接倒在不沾烤盤布上。順序則是先
　　放棒棒糖紙棍，倒上糖漿再擺上裝飾。造型上除了圓形，還可自行變化形狀。
　　若是倒在其他形狀的矽膠模上，即可變成不同形狀的糖果。

5　以不沾鍋煮糖的目的，是煮糖漿時可以減少沾黏鍋身的情形，且倒糖時操作較方便。

6　步驟11冷卻要確實，才不會在脫模後，需要再次以噴槍燒熔表面，造成棒棒糖內部軟化變形；如果表面炙燒太久，會造成糖果內外溫差大產生裂痕（也是另一種美感！）。

7　注意別讓彩糖滾到模具邊緣，否則倒第二次糖漿將沒辦法完全包覆，導致彩糖裸露（或半裸露）在外面。第二次倒入糖漿可由外圍往中間倒。

8　棒棒糖會吸收空氣中的濕氣而變黏，導致包裝時產生黏袋問題，所以包裝要注意時間。棒棒糖經噴槍燒完後，不要放置室溫過久，盡快裝袋，尤其雨天濕氣太高，更容易發生黏袋問題。

9　包裝如果開始黏袋，可再次使用噴火槍快速燒一下表面，降低表面黏性；或是以小張烘焙紙墊在棒棒糖底部，然後沿著袋邊裝入，再將烘焙紙抽出，可減少黏袋不好包裝的問題。（圖3）

10　如果有溢出模具的糖，可等冷卻後再以剪刀或小刀修邊，然後盡快裝袋。

關於Cuite

分享，是身為烘焙者最快樂的一件事！

　　從學生時代就對於料理與烘焙都很有興趣，高中、大學讀的也是相關科系，畢業後因為工作之故，暫與烘焙「分手」一段時間，直到結婚，有了小孩後，因為在意小孩吃下肚的東西來源，加上食安問題頻傳，因此開始動手做無添加、安心的甜點麵包給家人吃，於是，我和「烘焙」又復合了。每次看到家人朋友吃了自己做的甜點後讚不絕口，小孩老公也開心帶出去分享，心中就會有滿滿的幸福感。而老公的支持無疑是最大的後盾，謝謝他願意在家照顧兩個小妞，讓我去上課學習新的烘焙知識跟技術。

　　在因緣際會下加入了社團，很開心認識了管管邱嘉慧學姐，很巧的是我們念同一所大學同個科系，常常從學姐身上學習到很多烘焙知識跟待人處事的高EQ。加入社團後，印象最深的是第一篇po文的杏仁瓦片配方受到了很多社員的喜愛，沒想到有幸被收編在《幸福烘焙的第一本書》中，看到自己的名字印在書上的感覺還真奇妙，也開心有貢獻小小的心力；但更讓我驚喜的是學姐邀請我加入第二本食譜書的其中一員。可以一起參與這麼有意義的事情真的讓人高興，謝謝她的邀請，讓我在烘焙生涯中有小小的成就感，它將是個很珍貴的紀念跟回憶。

　　烘焙對我來說是平常紓壓的方式，有時候發懶不想開爐，會看看食譜書舒緩情緒，在未來的烘焙路上，希望持續讓家人朋友吃得安心又開心，繼續快樂分享，也學習各種不同的烘焙新知。

示 範 影 片

彩虹冰淇淋餅乾

家琪老師無意間在 Youtube 頻道看到這款點心，被它繽紛的色彩吸引，忍不住跟著影片做，卻因為國外使用的食材和台灣不太一樣，製作了幾次成品都不理想。她秉持著實驗的精神，將配方做了多次調整，終於做出紋路可以清楚呈現冰淇淋效果的餅乾，現在這份配方完整分享給大家，一起動手來做這款「冰淇淋」吧！

份量	48 ～ 50 顆／3.5 公分冰淇淋杓 20 ～ 22 顆／5 公分冰淇淋杓
模具／道具	3.5 或 5 公分冰淇淋杓／平底威化杯
烤箱	Dr. Goods
烤溫	上火 170℃／下火 170℃
烘烤時間	25 ～ 30 分鐘
賞味期	密封常溫保存 5 ～ 7 天
建議售價	30 元／杯、50 元／袋

食譜示範：聶家琪

材料

奶油	210克
糖粉	160克
全蛋	1顆
低筋麵粉	430克
杏仁粉	50克
色膏或色粉	4種顏色
平底威化杯	數個
白色巧克力	適量

事前準備

1 預熱烤箱，奶油切小塊置於室溫，軟化備用。

2 糖粉、低筋麵粉分別過篩備用；雞蛋放入碗中，打散備用。

餅乾麵團

3 過篩後的低筋麵粉加入杏仁粉，攪拌均勻成杏仁麵粉備用。

4 奶油放入大碗中，以手持電動打蛋器開中速將奶油打散。

5 糖粉分兩次加入，拌至看不到後，將全蛋液分兩次加入，打發至泛白成奶油蛋液。

6 將步驟5的奶油蛋液取85克放入乾淨大碗中，加入色膏或色粉調色拌勻。

7 再加入步驟3的杏仁麵粉110～115克，以切拌或用手按壓成團，以保鮮膜包好。

8 重複步驟6～7操作，完成其他三色麵團。

整型

9 將四色餅乾麵團分散放在鍋子裡。

10 以手將麵團稍微擠壓，並且隨意剝取麵團分散在各處。

11 以冰淇淋杓任意在麵團上挖取，不限單一顏色，儘量讓色澤繽紛，排放於烤盤上。

烘烤

12 確認烤箱已達預熱溫度，放入烤箱中層烘烤25～30分鐘（3.5公分大小）後，即可出爐。

裝飾 & 包裝

TIPS

使用5公分冰淇淋杓，烘烤25分鐘後，上火降轉至100℃，下火不變，再烤10～15分鐘出爐。

13

將巧克力以隔水加熱方式融化，取5公分大小的冰淇淋餅乾，將餅乾底部沾裹巧克力再黏上平底威化杯，待巧克力乾透後，單獨密封包裝。

14

若烘烤的是3.5公分大小，則適合直接裝袋密封販售。

家琪小叮嚀

1　選擇有鹽、無鹽奶油皆可製作。

2　建議使用糖粉而非砂糖，因為砂糖顆粒比糖粉粗，不容易溶解、打散。

3　步驟5中的糖粉，每次加入都先以慢速拌至無粉狀態後，再轉中速攪打均勻。由於糖粉的量比較多，一次下完怕糖粉亂飛，建議分兩次下較為妥當；而蛋液分兩次加入是要讓奶油與蛋液完全融合，一口氣將蛋液全下，容易因攪打不夠均勻而導致油水分離。

4　食譜中使用中型雞蛋，約在40～55克之間。

5　若家中無杏仁粉，可以將低筋麵粉的量再多加50克使用。

6　軟化奶油時勿放到過軟，以免餅乾烘烤時容易塌陷。

7　奶油蛋液做到後面會剩下來，可以用保鮮膜包好冷藏或冷凍起來，做麵包時當成奶油份量丟進去一起攪打就不會浪費了。

8　不論是色粉或色膏，都是在步驟5做完奶油蛋液分批調色，顏色要慢慢添加，不要一次下太多的色粉或色膏，調到滿意的顏色再加入粉類拌切（加入麵粉後，麵團顏色會略淡）。

9　因為每個人挖的份量大小會有差異，所以份量不一定準確。

10　因各家麵粉吸水性不同，因此步驟7的杏仁麵粉用量為110～115克，保留5克視成團的狀況再決定是否加入，最終麵團的軟硬度須如右圖，做好的麵團並不會黏手；如果麵團過於濕黏黏手，此時可以再多加5～10克的杏仁麵粉來調整。

11　判斷餅乾熟了最準確的方法是取出一顆餅乾，切開看中心是否烤熟。

示範影片

嗶啵爆米花

爆米花好吃材料又容易取得，可說是園遊會中的常勝軍，但要把爆米花爆成美美的蕈球狀，又要把焦糖煮好，還真不容易。看柏林娜老師實驗數十次的經驗分享，只要抓到老師的訣竅，不論是鹹甜交織的海鹽焦糖、不甜不膩的巧克力或是鹹口味的椒鹽起司等，都難不倒你！

材料

份量	海鹽焦糖約 105～110 克 巧克力約 180～200 克 覆盆子約 190～210 克 椒鹽起司約 100～110 克 （視玉米粒爆開的情況而定）
模具／道具	不沾材質大深鍋、木鏟 2 支、溫度計
賞味期	密封常溫保存 7～10 天
建議售價	海鹽焦糖 50 元／100 克 巧克力 100 元／100 克 覆盆子 120 元／100 克 椒鹽起司 95 元／100 克

食譜示範：柏林娜

海鹽焦糖口味

無鹽奶油A	10克
乾燥玉米粒	70克

焦糖

水	120克
糖	148克
無鹽奶油B	10克
海鹽	4克

巧克力口味

無鹽奶油A	12克
乾燥玉米粒	85克
水	120克
糖	148克
無鹽奶油B	6克
海鹽	1克
免調溫苦甜黑巧克力	80克

覆盆子白巧克力口味

無鹽奶油A	10克
乾燥玉米粒	80克
水	120克
糖	148克
無鹽奶油B	8克
海鹽	1克
免調溫白巧克力	100克
天然覆盆子粉	3 克

椒鹽起司口味

無鹽奶油A	8克
乾燥玉米粒	80克
無鹽奶油B	16克
一般食鹽	2.5克
白胡椒粉	0.5克
帕瑪森起司粉	13克

爆玉米粒

1

奶油A、乾燥玉米粒放入不沾材質大深鍋中。

2

開中大火不停攪拌，直至奶油融化，均勻沾附在玉米粒上。

3

持續攪拌直到玉米粒受熱變白色微膨大後，鋪平玉米粒在深鍋底部。

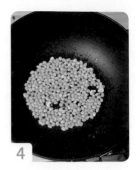

4

不停搖晃深鍋，直至1～2顆玉米粒爆開後，蓋鍋蓋、轉大火。

5

此時鍋底瞬間受熱，玉米粒開始翻爆成蕈球狀。

6

每5秒提起鍋子，搖鍋3秒為一個循環，直至玉米粒全部爆開成爆米花後關火。

7

倒出爆米花置於深烤盤中，將未爆開的玉米粒挑掉。爆好的爆米花置於烤箱中以上下火90℃保溫備用。

TIPS

深烤盤擺上置涼架，將爆米花倒入時，未爆開的玉米粒會順勢掉入深烤盤中。

焦糖

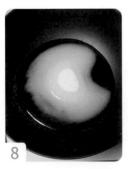

8

將水及糖倒入深鍋搖晃均勻，讓水蓋過砂糖。

9

先以中火煮至105℃後，轉成中小火煮到140～150℃，糖開始變色轉成小火後，可搖鍋5下不可拌炒。

10

小火續煮至170～172℃關火，加入奶油B和鹽。

11

拌炒30秒後，待焦糖顏色呈琥珀色（呈現牛奶糖的顏色），準備拌入爆米花。

海鹽焦糖口味

12

將步驟7保溫中的爆米花倒入海鹽焦糖鍋中。

13

利用2支木鏟由下往上撈方式翻拌均勻。

14

焦糖均勻沾附爆米花後,趁熱迅速倒入深烤盤中。

15

以木鏟或用手鋪平,盡量不要重疊。

巧克力口味

16

鋪平爆米花後,停止動作2分鐘,再趁微溫將爆米花剝開,完成海鹽焦糖爆米花。

17

已完成的海鹽焦糖爆米花剝開備用。

18

巧克力切小塊,放乾燥料理盆中,隔水加熱至45~55℃,勿超過55℃。

19

巧克力完全融化後,趁熱倒入步驟17已剝開的海鹽焦糖爆米花上。

覆盆子白巧克力口味

20

依步驟13~15將巧克力拌勻,降溫後蓋上鋁箔紙,置於冰箱冷藏40~60分鐘,至巧克力完全凝固完成。

21

已完成的海鹽焦糖爆米花剝開備用。

22

白巧克力隔水加熱至45~50℃,勿超過50℃加入覆盆子粉攪拌均勻。

23

覆盆子白巧克力完成後,趁熱倒入步驟21的爆米花上,依步驟20完成冷藏至少30分鐘至巧克力凝固。

奶油椒鹽起司口味

24 奶油B倒入鍋中，以微火融化，倒入鹽、白胡椒及帕瑪森起司粉，炒拌均勻。

25 將步驟7保溫中的原味爆米花倒入奶油椒鹽起司鍋中。

26 倒入保溫中的爆米花，不熄火攪拌至少3分鐘，奶油椒鹽醬才會完全包裹住爆米花，關火即完成。

包裝

27 成品完成後，一放涼即可裝袋，袋中放入乾燥劑，密封包裝較能維持爆米花脆度。

柏林娜小叮嚀

1 乾燥玉米粒是指爆米花專用玉米粒，各大超市有販售。

2 爆玉米粒時溫度一定要夠，利用高溫讓玉米粒瞬間翻爆成蕈球狀。

3 建議使用不沾材質的鍋具，翻爆時較不會燒焦。

4 煮焦糖時，使用深鍋較佳，不可開抽風機及吹電風扇，才能保持糖溫穩定。

5 焦糖煮完時，糖溫高達170℃，要小心操作以免燙手，千萬不要直接用手拿取或試吃，以免燙傷起水泡。

6 步驟11在煮焦糖時，若未達琥珀色，則可再開微火續煮，計時100～120 秒後關火，各家火候大小掌控不一，請自行斟酌判斷焦糖顏色。

7 材料中的海鹽可以一般食鹽替代，但克數要比海鹽少一半。

8 如果木鏟不好翻拌，建議可戴食品級的拋棄式手套，以手撈拌較均勻。

9 融化苦甜黑巧克力溫度為45～55℃，不要超過55℃；融化白巧克力為45～50℃，不要超過50℃，以免油水分離。巧克力口味盡量選擇苦甜黑巧克力，裹在焦糖爆米花上較能平衡甜度。

10 夏天時溫度高，巧克力凝固一定要經過冰箱冷藏降溫，若放於室溫自然凝固，較易導致爆米花軟化。

11 製作海鹽焦糖及奶油椒鹽起司這兩種口味的爆米花，須拌上原味爆米花，由於海鹽焦糖醬及奶油椒鹽起司醬在製作過程中，都屬於高溫，為避免溫差過大，因此建議將原味爆米花放置於烤箱中，以上下火90℃保溫備用，待海鹽焦糖醬或奶油椒鹽起司醬煮好前30秒，將爆米花取出，一旦醬料煮好後，立刻將原味爆米花加入，溫度相近，較不會有醬料結塊喇不開的問題。

12 至於巧克力及覆盆子白巧克力口味的爆米花，則是拌上海鹽焦糖爆米花，因為爆米花已拌上海鹽焦糖，較不會有溫差的問題產生，因此無需將海鹽焦糖爆米花保溫。

13 鹹口味爆米花的變化，也可隨自己的喜好調整，將調味粉換成海苔粉、蒜香粉、乾燥青蔥等均可。

14 沾附焦糖及巧克力之鍋具，清洗時用熱水沖洗較易洗淨。

15 爆米花裹糖時的環境濕度建議控制在50%以下較佳，濕度愈高愈會導致裹糖後爆米花易濕黏回軟。

16 成品做好後，一放涼即可裝袋，放室溫愈久，較易造成糖吸濕反潮，導致爆米花表面濕黏。

17 寄送爆米花建議採低溫宅配，常溫寄送易因溫度過高，造成巧克力融化，導致爆米花回軟。

精靈啾啾餅乾

做法請見下一頁！

精靈啾啾餅乾

這款餅乾造型的靈感來自於《幸福烘焙的第一本書》曉靜老師做的「小黑炭曲奇」，餅乾的配方則出自於佳芳老師，但詩佩老師略微調整了些做法，把眼睛糖珠改為白巧克力米，在餅乾烤好放涼後再做最後裝飾，如此一來就不用擔心高溫烘烤而造成了瞎眼的窘境，造型也可以依不同節日而加以變化，是款萬用的餅乾。

份量	15 克 × 52 包
模具／道具	曲奇烤盤 × 3、三能 SN-7142 花嘴
烤箱	晶工 45L
烤溫	第一階段：上火 200℃／下火 180℃ 第二階段：上火 180℃／下火 150℃
烘烤時間	第一階段：5 分鐘 第二階段：15 分鐘
賞味期	密封常溫保存 2 週
建議售價	15 ～ 20 元／袋

食譜示範：張詩佩

材料

無鹽奶油	240克
香草糖	140克
蛋	1顆
低筋麵粉	300克
可可粉	60克
白巧克力米	適量
黑巧克力	適量
蝴蝶結糖珠	適量

事前準備

1
低筋麵粉與可可粉放入大碗中，混合均勻，過篩備用。

2
無鹽奶油置於室溫備用，雞蛋置於室溫備用。

餅乾麵團

3
無鹽奶油和糖放入攪拌盆，用手持電動打蛋器以高速打發至顏色呈泛白的乳霜狀。

4
將全蛋打散，分3次拌入步驟3中，以高速攪打讓奶油與蛋快速均勻結合。

5

將步驟4加入過篩後的粉類中，輕輕拌勻以免出筋。

6

將麵糊倒入裝有花嘴的擠花袋中，在烤盤上擠出花樣，冷藏半小時定型。

7

確認烤箱已達預熱溫度，放入中層烘烤5分鐘，再轉為第二階段烤溫，續烤15分鐘出爐，放涼備用。

8

將黑巧克力放入碗中，隔水加熱融化，裝入擠花袋中，在餅乾上畫上兩條線條。

包裝

9

取白巧克力米黏在上頭當眼白，取蝴蝶結糖珠裝飾。

10

再於白巧克力米上，點上融化的黑巧克力當眼珠。

11

可愛的精靈啾啾餅乾完成。

12

完成的餅乾，利用蛋黃酥模每3個裝1盒。

詩佩小叮嚀

1　建議用棉布製成的擠花袋比較不容易破。
2　奶油置於常溫，不要放到太軟，也不要打得過發，烤出來的餅乾紋路才會明顯。
3　餅乾先冷藏後以高溫先烘烤定型，烤出來的餅乾才不容易塌陷不成型。
4　若想做成原味餅乾，則把可可粉份量改成低筋麵粉即可；想做抹茶口味，則配方改為低筋麵粉345克、抹茶粉15克即可。

示 範 影 片

香脆芝麻條

因為喜歡煎餅的味道，加上為了測試新模具，Cuite 老師在網路上找了許多種煎餅配方嘗試，但因為餅乾偏硬的口感不討喜，她因而重新設計配方與做法。而這「芝麻條」則是因為麵團壓模完總是會有剩料，於是再做變化加入黑白芝麻後切割成條狀，無心插柳的結果，這條狀餅乾竟比片狀更涮嘴呢！

份量	20 克×50 包
模具／道具	烤盤：40×60 公分×2 2 斤耐熱袋：28×38 公分×2
烤箱	中部電機
烤溫	上火 170℃／下火 160℃
烘烤時間	13 分鐘
賞味期	密封常溫保存 2 週
建議售價	10 元／包

食譜示範：Cuite Wang

材料

無鹽發酵奶油	160克
二砂糖粉	180克
醬油	35克
蛋	2顆
低筋麵粉	540克
熟黑芝麻	20克
熟白芝麻	20克

事前準備

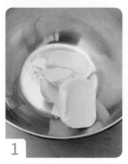

1

無鹽奶油放置室溫軟化備用。

2

二砂糖粉、低筋麵粉分別過篩備用。

3

將蛋與醬油打散成醬油蛋液備用。

餅乾麵團

4

無鹽奶油放入鋼盆，以手持電動攪拌機中速攪打至呈羽毛狀。

5

二砂糖粉放入步驟4的鋼盆裡，攪拌至均勻看不見糖粉狀。

6

將步驟3的醬油蛋液分3～4次加入步驟5中，持續攪拌至呈乳霜狀，每次都確定蛋液完整被吸收再下。

7

加入黑白芝麻，分次加入低筋麵粉。

8

用手或刮刀壓拌成團，直至麵團軟硬度如耳垂一般，看不見乾粉即可。

整型

TIPS

麵粉分次加入才可調整麵團的軟硬度。以手指按壓麵團，周圍光滑無裂痕且不黏手，才是完美的餅乾麵團。

9

麵團分成兩份，分別放入2斤塑膠袋中，擀成0.5公分厚，整成平整的長方形麵片。

10

使用切麵刀在塑膠袋外中間壓線對折。

11

將麵片放入烤盤，置於冷凍庫約25分鐘，使麵片變硬方便切割。

烘烤＆包裝

12
取出冷凍硬麵片，先沿對折線切割為兩大片，再垂直切半每份約13.5公分寬，將其中三片先凍回冰箱。

13
留下一片切割成約0.7公分寬的條狀，可使用切麵刀輔助放置烤盤，依序切完排好即可入烤箱烘烤。

14
確認烤箱已達預熱溫度，放入中層烘烤，時間到即可出爐。

15
使用5.5×15公分大小的包裝袋，約裝5～6根／包，香脆芝麻條完成。

Cuite 小叮嚀

1. 烤箱溫度時間請依自家烤箱微調，餅乾麵團也能使用一般餅乾造型壓模。

2. 壓成圓片狀，表面撒上海苔粉或碎堅果或花生，就可變化成不同口味的煎餅。

3. 醬油可依個人口味增減，要增加的話，與蛋液攪拌後一同加入，需分次加入避免攪拌過度油水分離，不同品牌醬油味道鹹甜香味會有不同，可依個人喜好調整。

4. 低筋麵粉依各家廠牌吸水性不同可做增減，以麵團軟硬度來判斷。

5. 使用蛋的大小連殼重約60克，去殼蛋液重約50克，蛋的大小也會影響低筋麵粉量的調整，雞蛋保持常溫，避免蛋液太冰會使奶油凝固，容易油水分離。

6. 如沒有二砂糖粉（利用食物調理機或磨豆機將二砂糖打成粉）也可使用一般糖粉，無鹽發酵奶油也可使用一般無鹽奶油。

7. 放入塑膠袋可在底部兩尖角剪小小洞，方便擀麵團時讓空氣跑出。

8. 麵團可一次做好冷凍備用，密封冷凍可放兩週，要烤時再取出來切割整型後直接烘烤即可。

9. 奶油軟化時間依室溫高低會有不同，再依溫度調整時間，切記不可放到太軟，奶油會無法將空氣打入。

10. 要切割成條狀時，使用菜刀放在砧板上切比較美觀整齊，先分切大片，留一片切條，其餘先冰回冷凍，避免一次切太多，麵團在室溫太久，導致軟化不好拿取擺放。

11. 如無相同尺寸的包裝袋，可視包裝袋大小，做出不同長度的芝麻條。

萌小兔棉花棒棒糖

靜雅老師最擅長製作「無烤箱甜點」。這款以大、小兩種棉花糖沾上各色巧克力、加上可愛表情,輕輕鬆鬆就完成的「卡哇伊」甜點,一做完立刻奪人目光!你一定要試試!

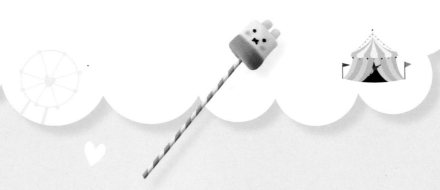

份量	8 個
模具/道具	隔水加熱鍋具、棒棒糖紙棍
製作時間	30 分鐘
賞味期	密封常溫保存 2 週
建議售價	35 ～ 50 /包

食譜示範:楊靜雅

材料

3公分棉花糖	數顆
1公分棉花糖	數顆
白巧克力	150克
粉色色膏	少許
黃色色膏	少許
藍色色膏	少許
黑巧克力筆	1支
食用膠水	適量

融化巧克力

1

將各色巧克力及巧克力筆隔水加熱融化備用。

棉花糖兔子

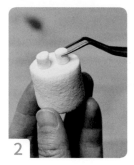

2

大棉花糖上方擦上適量食用膠水，黏上2顆小棉花糖。

3

大棉花糖下方插入一根竹籤備用。

4

大棉花糖於融化的白巧克力鍋內轉一轉，裹上一層白巧克力，置於杯中待乾。

5

待巧克力已晾乾，將竹籤取出。

6

已乾的大棉花糖，在下方約1/3處沾取藍色巧克力，作為兔子的衣服，並放置於烘焙紙上待乾。

7

取棒棒糖紙棍沾上少許巧克力，重新插入拔掉的牙籤處，待乾定型。

8

用融好的黑色巧克力筆點出眼睛和鼻子。

9

取色粉略微在兔子臉上刷上腮紅即完成。

10

除了藍色巧克力，還可以沾裹粉紅色或黃色的巧克力，做不同變化。

包裝

11

選擇10×6公分透明棒棒糖包裝袋，單支包裝，下方再繫上蝴蝶結就完成了。

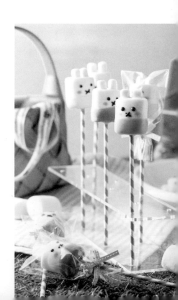

靜雅小叮嚀

1 棉花糖在超市網路及烘焙材料行皆可方便取得購買。

2 棉花糖常溫保存即可，但要減少跟空氣接觸的時間，這樣下次打開依然可以吃到蓬鬆綿密的棉花糖

3 在食用方法上除了做零食直接食用外，還可以經火燒烤後讓外表膨脹沾上焦糖或糖片，巧克力粒等裝飾食用，也可以放進熱飲上一同飲用，風味極佳。

4 步驟7沾巧克力的目的讓棒棒糖紙棍和棉花糖黏合緊密不會晃動。

關於靜雅

讓孩子記住媽媽的味道

說起我和烘焙結下不解之緣，起緣於我在婚後五年間，因胚胎不健全連續兩次小產失去寶寶，虐心的求子過程著實讓人刻骨銘心。好險，上帝眷顧我，最後讓兩個健康的小天使回來找我。當時，為了等待寶寶的到來及安撫我心痛的情緒，老公送了一台具有攪拌功能的機器給我，讓我能暫時轉移目標，並有了新的寄託。

育嬰期間，從副食品、寶寶點心，一路到小孩上幼兒園，慢慢地開啟了我的烘焙之路，而奇妙的是，正當在想如何變化更多健康好吃有趣的點心時，意外地發現了嘉慧管管經營的烘焙社團，從此無怨無悔地踏上烘焙這條不歸路。

孩子出生這幾年，連續幾次的食安風暴讓當媽媽的我甚是擔心，於是下定決心自己親自手作、把關嚴選食材，只因為有了孩子後，一切歸零，從愛出發，而生活中有很多歡樂時光更是由許許多多的節慶串連起來，有生日、紀念日、母親節、父親節、萬聖節、聖誕節等，與孩子們一起烘焙度過這些充滿感恩、歡樂的節慶，一起創作好吃的食物、一起創造美好回憶，讓家庭及親子關係更加溫馨緊密。

孩子是我的動力，謝謝孩子的到來、謝謝老公送我的第一台攪拌機，謝謝緣分讓我與嘉慧的社團相遇，我要用自己的媽媽味，共創全家的幸福餐桌；用那媽媽味連結家的情感與記憶。我想，我幸運的找到了屬於自己的下半段人生。

造型餅乾捧花

平凡的餅乾，只要加上不一樣的包裝方式，就有了吸睛的效果。這幾年乾燥花束非常流行，Grace 老師心血來潮做了一束餅乾花束在工作室販售，沒想到大受好評！現在她也將這超棒的點子分享給大家，你也來做看看！

材料

份量	3 束
模具／道具	直徑 5 公分餅乾模 ×1、冰棒棍 10 支
烤箱	Dr.Goods
烤溫	上下火 170℃
烘烤時間	18 分鐘
賞味期	密封常溫保存 7 天
建議售價	80 元／束

食譜示範：Grace Chi

可可口味餅乾

無鹽奶油	100克
細砂糖	42克
無糖可可粉	42克
低筋麵粉	135克
蛋白液	23克

巧克力內餡

苦甜巧克力	50克
動物性鮮奶油	20克

香草風味餅乾

無鹽奶油	100克
二砂糖	42克
低筋麵粉	170克
蛋液	23克
香草	內餡
市售香草醬	適量

事前準備

1
將可可口味餅乾材料中，所有粉類一起過篩；香草風味餅乾材料中低粉過篩備用。

2
無鹽奶油置於室溫至軟化備用。

餅乾麵團

3
同「精靈啾啾餅乾（P.49）」步驟3～5，完成餅乾麵團。以保鮮膜包起，冷藏15分鐘。

整型

4
餅乾麵團取出後，以擀麵棍擀壓整平約0.5公分厚度，用喜歡的壓模壓出形狀。

烘烤

5
確認烤箱已達預熱溫度，放入中層烘烤，時間到即可出爐，置於一旁待涼備用。

巧克力內餡

6
將內餡材料放入大碗中，隔水加熱融化，待內餡置涼後，裝入三明治袋備用。

填餡＆包裝

7
將一片餅乾擠上少許內餡或市售香草醬，放上冰棒棍，蓋上另片餅乾，棒棒糖餅乾完成。

8
用透明袋單獨包裝即可販售，亦可用數根棒棒糖餅乾以花束方式包裝，也很吸睛。

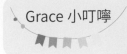

Grace 小叮嚀

1 建議從冰箱取出麵團時就預熱烤箱，烤箱一定要到達預熱溫度再進行烘烤。

2 內餡可依個人喜好變化為花生醬或果醬，苦甜巧克力可換成草莓甜巧克力，如步驟6。

3 如果家中有一些乾燥花材，也可以一起包裝增加豐富感。

米老鼠造型米香

做法請見下一頁！

米老鼠造型米香

靜雅老師免烤箱甜點再一發！棉花糖與米果結合，壓出米老鼠造型，再加上一點巧克力做裝飾，非常討喜！也讓古早味的米香升級，是款復古與創新兼俱的甜點！

份量	6 個
模具／道具	方形蛋糕烤盤或深烤盤×1、餅乾模、棒棒糖紙棍、翻糖模
製作時間	30 分鐘
賞味期	密封常溫保存 2 週
建議售價	35 ～ 50 ／包

食譜示範：楊靜雅

材料

米果	150克
奶油	70克
棉花糖	200克
白巧克力釦	120克
黑巧克力釦	120克
紅色色膏	少許
白色巧克力筆	適量
黃色巧克力筆	適量
粉色翻糖	2克
玉米粉	適量

事前準備

1
黑、白巧克力釦隔水加熱融化備用，白、黃巧克力筆熱水泡軟備用。

棉花糖米果

2
棉花糖、奶油隔水加熱，融化備用。

3
米果放入大碗中，倒入融化後的棉花糖，攪拌均勻。

造型

4
與棉花糖攪勻的米果倒入深烤盤中，取一張烘焙紙，趁熱將米果按壓定型。

裝飾

5 稍微定型後,餅乾模內圈抹點油,用餅乾模切出造型,將切好的米香取出。

6 將融化的白巧克力加入幾滴食用巧克力專用的紅色油性色膏,攪拌成粉紅色巧克力。

7 米香下半部沾取少量粉紅色巧克力,放在烤焙紙上待乾後定型。

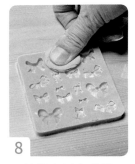

8 翻糖模先撒上些許玉米粉,用粉紅色翻糖壓出蝴蝶結。

包裝

9 將蝴蝶結沾黏裝飾於米果上。

10 用白色巧克力筆在粉色巧克力米果上點出數點的水玉圓點。

11 米香完成,可用不同顏色巧克力做造型。

12 以9×13公分的平口包裝袋,單片包裝。

靜雅小叮嚀

1 烘焙店販售的米果和請人爆的米果兩者因製作方式不同,使得白米原型會不同,選擇烘焙店的米果做出來的造型較為可愛。

2 傳統路邊現爆的米果價錢便宜量又多,但要選沒裹糖漿的,而且除了白米口味,還可以選擇如糙米口味或黑米口味等等,口感更特別。

3 棉花糖建議選用白色的、顆粒小一點的比較好融化。

4 買回的米果保存要密封防止受潮,可保存約2週。

5 包裝後的米果可放入食品級乾燥劑,以保持米果的新鮮及乾燥。

彩色雪球餅乾

從「愛料理」看到的餅乾，經過 Catherine 老師巧手試作調整後，口味更加多元與美味，是最適合與小朋友一起做的小甜點，只要一些材料，就能讓親子消磨一下午喲！而當餅乾出爐的那一剎那，絕對能讓小朋友開心尖叫！

份量	4 種口味共約 36 顆雪球
模具／道具	糖粉篩
烤箱	Dr.Goods
烤溫	上下火 170℃
烘烤時間	10 分鐘，烤完燜 10 分鐘
賞味期	密封常溫保存 1 週
建議售價	40 元／杯／5 顆

食譜示範：Catherine Chen

材料

餅乾體

無鹽奶油	125克
糖粉	40克
泡打粉	1/4小匙
杏仁粉	60克
低筋麵粉	125克

色粉

咖啡色雪球：可可粉2克
綠色雪球：抹茶粉1克
粉色雪球：甜菜根粉1克
　　　　　＋草莓粉1克

裝飾

過篩防潮糖粉	適量

事前處理

1
無鹽奶油切小塊室溫回軟15分；低粉＋泡打粉混勻過篩；各式色粉分別過篩備用。

餅乾麵團

2
將無鹽奶油置於鋼盆中，以手持電動打蛋器攪拌至乳化狀態。

3
將糖粉加入，以手持電動打蛋器以高速打發約2分鐘，至呈現泛白羽絨狀。

4
加入過篩好的低筋麵粉＋泡打粉，以及杏仁粉。

5
用手將麵團抓勻成團不黏手即可。抓勻即可，避免大力搓揉，導致出筋。

6
餅乾麵團均分成4等分。其中一份可添加少許檸檬皮屑增加香氣（亦可省略）。

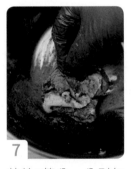

7
其餘3等分，分別加入各式色粉拌勻。

8
將4份麵團分別以保鮮膜包好，放置冰箱冷藏（冬天30分鐘、夏天1小時）。

整型

9
將冷藏好的麵團分割成每顆約10克，分割好的麵團搓圓放置烤盤上。

烘烤

10
確認烤箱已達預熱溫度，放入烤箱倒數第二層烘烤，時間到關火再燜10分鐘。

11
出爐後放涼，表面薄薄撒上防潮糖粉，雪球餅乾完成。

包裝

12
完成的雪球餅乾，可以用底徑4.4×高度3.5公分的捲口杯填裝，附上蓋子，貼上封口貼，繽紛可愛。

Catherine 小叮嚀	1	預熱烤箱至少20分鐘。

1 預熱烤箱至少20分鐘。

2 色粉可以使用自己喜歡的顏色與風味，做出更多不同色系的雪球餅乾；若想增加口感，可以搭配一些乾燥果粒或堅果，都很不錯！

3 使用悶烤法，是為了保留原色，利用烤箱溫度繼續讓餅乾熟化，若直接烤到熟，顏色就不會這麼漂亮了！

4 撥開餅乾中間應該是酥鬆感，手摸不會濕黏才是確實有熟喔！

5 步驟8將麵團冷藏是為了讓麵團鬆弛，因為即使再小心拌合麵團難免還是會產生筋性，鬆弛過的麵團可以讓成品更酥鬆；同時麵團冰過後，較不會因烘烤時太快融化，而造成餅乾形狀扁塌。

關於 Catherine

用手作的溫度，傳遞滿滿的幸福

2015年某天，心血來潮的我，以手揉方式做了人生第一條白吐司，雖然最後成功了，卻也隔天立馬「鐵手」，老公心疼我之餘，在同年我的生日時，送我一台麵包機，從此開啟了我的烘焙之路。

有了一台麵包機，從此家裡總是麵包飄香，一年365天幾乎天天都在練習，從認識酵母、薄膜、水合法及認識好多好多有關麵團的一切；不論是在網路上找資料，或是加入任何有關的烘焙社團，一步一步到現在，3年過去了，我仍然樂在其中。

因為個性使然，我喜歡挑戰任何新的事物，每每看到新的甜點或麵包，就誘發了內心想征服的因子，看到麵團慢慢長大、看到蛋糕在烤箱裡慢慢熟成，療癒了我來自四面八方壓力的日常；而當看到孩子、朋友們吃到時發自內心的喜悅與稱讚時，就是我最幸福的時光。

3年多來，我的烘焙之路當然沒有那麼順遂，曾經因為一時不察，沒看好食譜而一口氣丟掉30幾顆蛋，當下心痛、沮喪的心情，至今還難以忘懷，但卻也讓我愈挫愈勇，不斷學習、安排自己開始接觸課程，讓自己實力不斷突破，甚至在去年成立自己小小的粉絲專頁，勇敢接下第一份訂單。

由衷感謝身邊每一位鼓勵我的家人與朋友，還有每位客人給予的寶貴建議與支持！尤其是家裡的兩個小寶貝，總是給我那麼滿足的笑容，看到他們日漸長大的身影，就是當媽最大的驕傲！

對我來說，手作的意義，就是在傳遞幸福吧！很高興嘉慧姐給我機會讓我參與這次的公益活動！我很喜歡烘焙，未來也會不斷練習與繼續努力，希望跟我一樣有烘焙熱忱的你們，也能一起加油，總有一天，你們也能用手作的溫度，傳遞滿滿的幸福！

Part 2
蛋糕 & 甜點

來呦！來呦！快來看呦！
這美麗又好吃的蛋糕 & 甜點，是怎麼做出來的？
蛋白打一打、低粉篩一篩、香草糖加一加⋯⋯
加點愛、用點魔法，
一款款教人迫不及待吃上一口的美味蛋糕 & 甜點，
就出現在眼前，
現在就立刻動手做吧！

扭蛋巧克力球

Grace 老師最愛用巧克力做甜點，它製作困難度低又好上手，食材取得也簡單，非常推薦給烘焙新手。將巧克力變身為扭蛋，不但充滿了美味及童趣，更可隨著節日和喜好放進不同的元素變化，不僅適合當小朋友的生日驚喜，當成情人告白禮物也很適合呢！

份量	5 顆
模具／道具	直徑 6.5 公分半圓矽膠模
賞味期	密封冷藏保存 7 天
建議售價	50 元／顆

食譜示範：Grace Chi

材料

免調溫苦甜巧克力	250克
糖果	適量

融化巧克力

整型

1

將巧克力放入鍋中，隔水加熱，水溫約45℃，切勿超過50℃，以免油水分離。

2

將融化的巧克力倒入矽膠膜中。

3

晃動模具，讓模具內全部沾上巧克力。

4

可用刮刀輔助將邊緣部分沾上巧克力。

5

將多餘巧克力倒出。

6

重複步驟2～5動作一到兩次，讓模具裡的巧克力變厚。

7

靜置約20分鐘（冬天約靜置10分鐘），待巧克力凝固，將巧克力半球取出。

8

將其中一個半球巧克力內放入糖果。

包裝

9

邊緣塗上些許巧克力，準備黏合。

10

將另一個半球巧克力覆蓋，待巧克力凝固就完成扭蛋巧克力。

11

一顆顆的扭蛋製作完成後，就可以準備裝進透明的OPP包裝袋。

12

將袋口平面撐開。

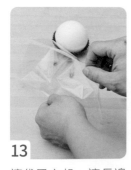

13

讓袋子立起，讓長邊與底部呈90度。

14

放入扭蛋巧克力球。

15

將袋口壓平進行封口，就成一個立體的三角形袋。

16

扭蛋巧克力完成。

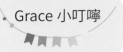
Grace 小叮嚀

1 製作過程中千萬別讓巧克力碰到水，否則巧克力會結塊。
2 免調溫苦甜巧克力可以用草莓巧克力、白巧克力或檸檬巧克力取代。
3 模具裡的巧克力，要有一定的厚度，因將巧克力自模具取出，及後續的黏合都需施力，因此巧克力不能太薄，否則容易碎裂。

關於Grace

用甜點溫暖身邊每一個人

　　記得我從小就愛吃麵包，只要一經過麵包店總是無法抵擋那櫥窗裡的美味。老爸總是開玩笑的說：「妳長大乾脆嫁給做麵包的好了。」

　　長大後，雖然沒有嫁給做麵包的，但卻學會了自己做麵包。尤其自己的妹妹是護士，常和我分享醫院裡病人狀況，讓我更了解食物對身體的重要，加上要買到真正無添加物的麵包，並不是那麼方便，於是，為了家人和孩子的健康，更加深了我自己動手做麵包、甜點的決心。

　　但我畢竟不是科班出身，專業知識不夠，因此製作過程常遇到成功與失敗都不知道為什麼的窘境，經常的失敗，也讓自信心薄弱的我，常常因此而氣餒，好幾次都想放棄了，但是在家人及朋友的鼓勵下，我開始去圖書館借書，不斷上網研究，甚至自己分類整理筆記、報名課程進修，白天、晚上，甚至連作夢都不停的想著可以怎樣改進會更好。

　　現在，我終於可以做出幾款深受家人朋友喜愛的甜點與麵包，而且在學習的路上，遇到困難也會一直想找出解決辦法，不再輕易沮喪。烘焙真的可以給人滿滿的幸福，我會一直用甜點溫暖身邊的人，期待你也加入這個大家庭，大家在烘焙路上，一起努力！

杏仁蛋白棒

示範影片

很多人製作某些甜點時，會只剩蛋白，讓人非常苦惱。用蛋白來製作杏仁瓦片，是最常見的消耗方法，但瓦片整型過程費工又費時，總使人望之却步。Catherine 老師在書上看到利用打發蛋白來製作不一樣的杏仁餅乾造型，沒想到一試之下，果然既方便又快速，還非常好吃，下次再也不用為了做瓦片而凸半天了！

材料

份量	約 30 根
模具／道具	6 齒小號花嘴
烤箱	Dr. Goods
烤溫	第一段烤溫：上下火 180℃ 第二段烤溫：上下火 150℃
烘烤時間	第一段烘烤時間：8 分鐘 第二段烘烤時間：15 ～ 20 分鐘
賞味期	密封常溫保存 1 週
建議售價	30 元／2 支巧克力（或 3 根原味）／袋

食譜示範：Catherine Chen

餅乾體

低筋麵粉	20克
糖粉	40克
杏仁粉	85克
蛋白液	90克
細砂糖	40克
杏仁角	適量

裝飾

草莓巧克力	適量
苦甜巧克力	適量

事前準備

1

低筋麵粉、糖粉、杏仁粉拌勻過篩備用。

蛋白麵糊

2

冰的蛋白液放入大碗中。

3

將細砂糖全部加入。

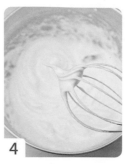

4

用手持電動打蛋器以高速打至泡泡變細緻，轉中速打發至乾性發泡（挺立狀）的蛋白霜。

5

將步驟1的粉類，先將1/2倒入蛋白霜中。

6

將1/2的粉類與蛋白霜略微攪拌融合。

7

再放入剩餘的1/2粉類。

8

再輕揉地攪勻至看不到粉類，成均勻的麵糊備用。

整型

9

將拌好的麵糊放入擠花袋中。

TIPS

可加入自己喜歡的花嘴形狀，也可以不用花嘴。

10

用刮板將麵糊集中至前端，避免浪費。

11

烤盤墊上烘焙紙（或烘焙布），擠出約10公分的長條形狀。

烘烤＆裝飾

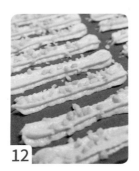

請務必墊上烤焙布，避免沾黏烤盤，餅乾會碎裂。

12

表面均勻撒上杏仁角。

13

確認烤箱已達預熱溫度，放入烤箱中層先烘烤約8分鐘，讓麵團表面稍定型。再降溫繼續烘烤15～20分鐘徹底烤乾上色。

出爐後咬下覺得有點黏牙（或中間偏白），表示烘烤不足，再回烤幾分鐘即可。

包裝

14

將草莓巧克力（或苦甜巧克力）隔水加熱融化後備用。

15

蛋白棒尚在微溫的狀態下，即可沾裹上融化巧克力做裝飾（也可省略）。

16

原味、草莓、巧克力杏仁蛋白棒完成。

17

待巧克力凝固，準備6×18公分的餅乾包裝袋，每袋裝入約2根左右的巧克力杏仁蛋白棒（或3根原味），封口後綁上蝴蝶結紮絲帶，販售送禮都很適合哦！

Catherine
小叮嚀

1 預熱烤箱至少20分鐘。

2 若擔心蛋白打發不夠穩定，可以加入少許塔塔粉或檸檬汁幫助穩定蛋白。至於砂糖分三次或一次下都可以，重點是要確實將蛋白打發至乾性發泡狀態，然後再將粉類分2次加入。攪拌麵粉時動作要輕柔，減少消泡的速度，如此經過徹底烤乾的蛋白棒才會脆口不黏牙。

3 烘烤8分鐘定型後，一定要顧爐，因為後續上色速度非常快，總烘烤時間大約18～20分才會烤透，若太快上色，裡面會烤不透，也表示烤箱溫度太高需要調整。

4 放涼後請盡快進入包裝動作，台灣氣候潮濕容易受潮軟掉。

示範影片

檸檬小蛋糕

不需要複雜的烘焙工具就可以完成，讓蔓妮老師帶你一起製作這款酸 V 酸 V 的美味甜點。以檸檬口味為基底的蛋糕體，外層再包裹香濃的檸檬巧克力，點綴檸檬皮，整個口感濕潤鬆軟，檸檬味十足，是檸檬控不能錯過的甜點。

份量	28 ～ 32 個
模具／道具	檸檬模
烤箱	Dr.Good
烤溫	上火 200℃ ／下火 180℃ 下層
烘烤時間	17 分鐘
賞味期	密封常溫保存 5 天
建議售價	35 元

食譜示範：何蔓妮

材料

蛋糕體

室溫全蛋	8顆
香草濃縮醬	10克
白砂糖	160克
蜂蜜	200克
檸檬汁	40克
鹽	1小撮
無鹽奶油	400克
低筋麵粉	350克
泡打粉	12克

表面裝飾

檸檬巧克力	適量
檸檬皮	適量

事前準備

1

低筋麵粉和泡打粉過篩備用。

2

雞蛋需退冰至室溫。

蛋糕體

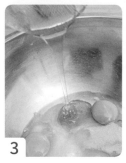

3

雞蛋、香草濃縮醬、白砂糖、蜂蜜、檸檬汁、鹽放入大碗中，攪拌均勻即可無需打發。

4

無鹽奶油直火或微波加熱至60～65℃。

5

將奶油分3～4次加入步驟3中，慢慢攪拌至蛋液充分吸收。分次加入的目的是讓奶油與蛋液能充分混合均勻，以免攪拌不勻造成油水分離。

6

將步驟1的粉類加入，輕輕拌勻至呈現光滑無顆粒的麵糊。

整型＆烘烤

7

攪勻的麵糊封上保鮮膜冷藏靜置6小時以上。

8

將模具刷上無鹽奶油，表面撒上一層薄薄的低筋麵粉。

9

將麵糊放入擠花袋中。

10

將麵糊擠進模具約7～8分滿的高度備用。

烤後裝飾

11 烤箱已達溫,放入下層烘烤,時間到即可出爐,脫模放涼。

12 檸檬巧克力隔水加熱融化備用。

13 小叉子叉住蛋糕,表面沾裹一層巧克力。

14 沾裹好檸檬巧克力的蛋糕置於架上放涼。

包裝

15 再將剩餘的檸檬巧克力裝進擠花袋,剪小口在蛋糕上擠出線條。

16 以刨刀小心地將檸檬皮屑取出,注意不要刨到白膜。

17 最後撒上一點檸檬皮屑作裝飾。

18 待巧克力完全凝固,即可使用透明的玻璃自黏袋單個裝袋封口。

蔓妮小叮嚀

1 麵糊完成後請務必冷藏靜置隔夜或至少六小時以上的熟成時間再烘烤,這樣能使麵糊中的各種材料更加充分的融合在一起,香氣會更明顯喔!

2 隔水加熱融化巧克力請勿超過50℃,過程中勿讓水分接觸到巧克力,以免油水分離,巧克力磚可先切成碎片,可縮短融化時間。

3 表面裝飾的檸檬皮最後再灑,儘快裝袋,避免接觸空氣發黃。

4 也可以運用手邊現有的模具,做出屬於自己的造型,若模具的深度較淺者請縮短烘烤時間,並降低溫度。

關於蔓妮

將幸福的烘焙滋味，散播給大家

為親愛的家人和朋友手作麵包甜點，是一件幸福滿點的事。

2017年初我從一個連高筋低筋麵粉用途都搞不清楚的門外漢，因為買了一台麵包機和一次「好奇心殺死貓」的意外，讓我誤打誤撞跌入烘焙的世界，至今仍深陷其中，自己不但學會做甜點麵包，更棒的是，我那喜歡吃甜點的老爸，經常開心的跟他的好友說他有個會做甜點的女兒，他可以更放心的品嘗女兒做出的甜點。

在烘焙社團裡認識了很多志同道合的好朋友，雖然大家平日來自各行各業，但卻有著共同的興趣和喜好，每天都有聊不完的話題。這一路走來，在我不斷失敗的時候，他們一次又一次的給我支持，願意接受我不成熟的作品並給我意見和鼓勵；當我的作品成功了，他們也為我感到高興，這真是我始料未及，也是最大的收穫。

在此由衷感謝我的麵包啟蒙師傅「愛與恨」老師、甜點啟蒙師傅「呂昇達」老師，以及每一個曾經指導過我的老師、烘友，在烘焙的世界中培養出亦師亦友的情誼。最後更要謝謝「管的幸福烘焙聯合國」社團的社長兼管理員邱嘉慧，在人才濟濟的社團中給我這個機會，讓我可以做公益發揮愛心並和各位讀者分享我的作品。烘焙已成為我生活中不可缺少的一部分，也願這單純的幸福滋味能一直從我手上散播給大家。

烘焙路上有你們陪伴真好！

脆皮雞蛋糕

做法請見下一頁！

脆皮雞蛋糕

最近大街小巷出現不少脆皮雞蛋糕的攤車，而且總是大排長龍！現在自己也可以在家動手做！這款由 Grace 老師研發的配方，用一般雞蛋糕鬆餅機就能做出健康又好完的美味小點心，重點是永遠不怕吃不夠！

份量	32 個
模具／道具	雞蛋糕鬆餅機
製作時間	3 ～ 4 分鐘
賞味期	透氣紙袋常溫保存 1 天
建議售價	50 元／份／6 個

食譜示範：Grace Chi

材料

砂糖	65克
鮮奶	160克
雞蛋	3顆
低筋麵粉	155克
無鋁泡打粉	8克
蜂蜜	30克
無鹽奶油	30克
鹽	1克

事前準備　雞蛋糕麵糊

1
將低筋麵粉、泡打粉及鹽巴一起過篩備用。

2
奶油放入鋼盆中，以小火加熱融化至液態狀備用。

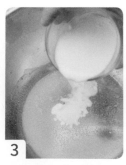

3
將鮮奶倒入步驟2中攪拌均勻。

4
將蜂蜜加入，攪拌均勻成奶油鍋備用。

5
將全蛋及糖放入鋼盆中，用攪拌機的球狀攪拌器以中速打發。

6
打發至畫8字不會消失狀態的全蛋糊。

7
將全蛋糊分次拌入奶油鍋中拌勻。

8
接著將步驟1全部倒入鍋中，輕拌至均勻。

烘烤

9
將麵糊用保鮮膜封好，靜置於室溫鬆弛30分鐘。

10
將鬆弛好的麵糊倒入擠花袋中。

11
將機器熱機至待烤狀態，倒入麵糊至模面9分滿。

12
蓋上機器後前後上下轉動，讓麵糊快速均勻布滿模具。

包裝

13
烘烤約4～5分鐘，待飄散出微焦香氣，就可以打開機器，取出雞蛋糕置涼。

14
紙袋預先以打洞器打幾個孔，再放入雞蛋糕。此動作可讓雞蛋糕裝入袋中時將熱氣散出，保持脆度。

Grace 小叮嚀

1 可以準備一台小電風扇，待雞蛋糕出爐後吹涼，會讓雞蛋糕的皮更脆，待表皮變脆硬時就可以裝入防油紙袋。

2 泡打粉的作用是使麵糊膨脹，讓產品有鬆軟的口感。少了泡打粉，麵糊的口感會比較扎實。其實現在市面上已經有很多無鋁泡打粉，大家可以安心的使用。

3 因為一般家用鬆餅機溫度約200℃左右，而使用瓦斯爐更高達250℃以上。麵糊在快速受熱的情況下，可讓表皮更加酥脆，達到外脆內軟的口感。如果家中有其他烤模，也可以試著在瓦斯爐上製作，雞蛋糕的口感會更棒喔！

4 使用過程要壓緊機器，小心操作不要被燙到。

示範影片

櫻花乳酪球

因為媽媽喜歡乳酪味濃郁的甜點，詩佩老師特別為媽媽設計了這款帶著淡雅鹹味口感又香氣十足的乳酪球，當初是從網路上搜尋而來的配方，但為了迎合家人的口味，做了些許調整，到後來更衍生出櫻花乳酪球，不只口感上更滑順，視覺上也更享受！

份量	35 ～ 40 顆
模具／道具	矽膠乳酪球模
烤箱	晶工 45L
烤溫	上火 150℃／下火 140℃
烘烤時間	25 分鐘
賞味期	密封冷藏保存 7 天、冷凍保存 2 週
建議售價	15 ～ 20 元／顆

食譜示範：張詩佩

材料

乳酪糊

鹽漬櫻花	少許
奶油乳酪	250克
馬斯卡彭	100克
香草糖	80克
無鹽奶油A	150克
蛋	2顆
玉米粉	26克
檸檬	1顆

餅乾底

無鹽奶油B	50克
消化餅	150克

事前準備

1

鹽漬櫻花先沖開水，初步將鹽沖乾淨，再泡冷開水30分鐘後取出。

2

將櫻花取出壓乾水分整型後備用。

3

無鹽奶油B隔水加熱融化備用。

4

玉米粉過篩備用。

餅乾底

5

消化餅敲碎成細砂狀備用。

6

檸檬先刨出皮屑，再將檸檬汁擠出備用。

7

將融化好的無鹽奶油B加入敲碎的消化餅中，攪拌均勻。

8

將拌好無鹽奶油的餅乾取適量入模。

乳酪糊

9

緊壓在烤模底部，放入冰箱定型備用。

10

將奶油乳酪、馬斯卡彭、香草糖、無鹽奶油A放入鋼盆中。

11

以隔水加熱方式，將步驟10的材料攪拌至無顆粒。

12

將蛋分次加入步驟11中拌勻，每加一顆拌勻後再加下一顆。

13

加入過篩的玉米粉，
拌勻成乳酪糊備用。

14

將攪拌均勻的乳酪糊
過篩。

15

再倒入檸檬汁及檸檬
皮屑拌勻。

16

將完成的麵糊倒入擠
花袋內。

烘烤 & 包裝

17

乳酪糊擠滿整個烤
模，完成後將烤模用
力震三下，震出空
氣。

18

鋪上步驟2處理好的
櫻花。

19

確認烤箱已達預熱溫
度，放入中層烘烤，
出爐後脫模放涼。

20

放涼後的乳酪球以封
口袋單顆包裝。

詩佩小叮嚀

1 乳酪糊過篩後口感會更滑順。

2 櫻花不適合高溫烘烤，過於高溫會失了櫻花美麗的色澤。

3 如何判斷乳酪球烤熟？先看乳酪球的外觀及色澤，再輕摸乳酪球的表面，有彈性且
不濕軟就表示已熟透。

4 等乳酪球完全放涼後，放入冰箱2小時或冷凍半小時後比較容易脫模。

5 可放冷凍，吃起來會像冰淇淋一樣的口感。

蛋糕 & 甜點

棒棒糖蛋糕

此款蛋糕做法相當容易，但 Diana 老師掛保證，一定可以在幼兒園聖誕晚會中，一登場就被小朋友秒殺；而在園遊會場上，建議插在保麗龍上加點佈置；亦或是插在馬克杯中做成花束造型，都非常討喜、搶眼。

份量	12 支
模具／道具	12 連迷你馬芬模（或棒棒糖蛋糕模）
烤箱	大同 40L
烤溫	上下火 180℃
烘烤時間	18 分鐘
賞味期	密封常溫保存 3 天
建議售價	一支 30 元

食譜示範：Diana

 材料

蛋糕體
蛋白	2顆
無鹽奶油	50克
鬆餅粉	80克

裝飾
15公分棒棒糖紙棒	12支
0.5公分彩色迷你棉花糖	150克
苦甜巧克力	300克

事前準備

1

烤箱以上下火180℃預熱,無鹽奶油隔水加熱至融化備用。

2

烤盤以矽膠刷沾取融化的奶油塗抹,方便烤完蛋糕脫模,剩餘奶油放著備用。

蛋糕體

3

蛋白放入鋼盆,以打蛋器快速攪拌至出現小泡泡。

4

加入步驟2剩餘的奶油及鬆餅粉。

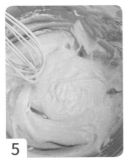

5

以打蛋器攪拌均勻,呈黏稠狀。

6

拌勻的蛋糕糊,以湯匙挖取放入烤模內,裝到約9分滿。

烘烤

7

確認烤箱已達溫,放入中層烘烤18分鐘,時間到以竹籤插入,確認蛋糕是否熟透。

TIPS

取出插入蛋糕體中心的竹籤,若是乾淨的表示蛋糕熟透,反之則需再烤幾分鐘。

巧克力醬

8

取出烤好的蛋糕,無需倒扣,置於一旁放涼後脫模備用。

9

非調溫的苦甜巧克力置於容器中,隔水(水滾關火,再放入裝有巧克力的杯子),用餘溫融化巧克力。注意不能讓水噴入巧克力裡,否則容易造成巧克力粗糙不光滑。

裝飾

10

棒棒糖紙棒沾取約1公分深度的融化巧克力。

11

插入已放涼的蛋糕裡放置不動，等巧克力乾掉後，紙棒和蛋糕就能緊密接合。

12

紙棒和蛋糕已接合牢固後，拿起紙棒，將整個蛋糕泡入融化巧克力中再拿起。

13

待多餘的巧克力從蛋糕體流下，以鑷子夾起一顆顆小棉花糖做裝飾。

TIPS

若以整個蛋糕去裹棉花糖，會將棉花糖弄髒。因此得將小棉花糖一顆顆黏上。建議使用小顆粒棉花糖，才能使作品更具立體感。

包裝

14

蛋糕裝飾好棉花糖後，插入保麗龍上，等待巧克力晾乾。

15

放入OPP立體平口袋中，綁上鐵絲蝴蝶結包裝。

 **Diana 小叮嚀**

1 如果不喜歡棉花糖甜甜的感覺，可以將棉花糖換成杏仁片，但杏仁不能生吃，得先將杏仁片以上下火180℃烘烤7分鐘至微微上色，就可以直接拿來替換棉花糖裝飾了。

2 棉花糖進冰箱冷藏會變硬，因此建議常溫放置即可。

3 因為要將蛋糕泡入巧克力醬裡沾裹，建議使用窄口的容器裝巧克力較好操作。使用寬口容器，想要有蓋過蛋糕體高度的巧克力，則需耗費較多巧克力。

4 由於經過棉花糖裝飾後，蛋糕完成整體會成圓形很有立體感，因此不一定需要用棒棒糖蛋糕模製作，以自己方便實用為主。

蛋糕 & 甜點

示範影片

蜂蜜芝麻瑪德蓮

瑪德蓮是許多烘焙市集、園遊會中經常出現的小點心。它簡單、好吃，又很適合烘焙新手嘗試。蜂蜜芝麻口味是 Cuite 老師想到芝麻的高鈣質，很適合大小朋友食用而調配出來的口味，搭配龍眼蜜的香味及榛果奶油的香氣，交織出不同層次的香味，吃過的都喜歡。

材料

份量	57 個／千代田迷你扇貝殼 36 連烤盤 25 個／千代田貝殼模 25 連烤盤
模具／道具	千代田迷你扇貝殼 36 連烤盤×1 或千代田貝殼模 25 連烤盤×1
烤箱	中部電機
烤溫	第一階段：上火 200℃／下火 190℃ 第二階段：上下火 190℃
烘烤時間	第一階段：5 分鐘 第一階段：3 ～ 4 分鐘
賞味期	密封常溫保存 4 天、冷凍保存 2 週
建議售價	20 元／個

食譜示範：Cuite Wang

材料	重量
二砂糖	86克
海藻糖	54克
蜂蜜	20克
全蛋	3顆
無鹽發酵奶油	150克
低筋麵粉	125克
無鋁泡打粉	5克
黑芝麻粉	25克
鮮奶油	30克

事前準備

1

低筋麵粉及泡打粉一起過篩備用。

榛果奶油

2

準備一鍋冷水置於一旁備用。

3

將無鹽發酵奶油切成小塊狀，放入鍋中。

4

以中小火加熱融化成液態奶油。

5

再持續加熱，會有白色固形物浮在表面。

6

使用湯匙攪拌，等油溫升高後，會開始冒很多泡泡，白色固形物會沉到鍋底。

7

此時使用湯匙邊攪拌邊撈起鍋底的固形物觀察。

8

固體物顏色會從白慢慢變深，此時奶油會慢慢變澄清狀。

9

泡泡變透明很多時，固形物一呈現金黃色就立刻將鍋子浸泡在步驟2冷水中降溫。

TIPS

放入冷水鍋中降溫是避免奶油持續升溫，而過度焦化產生苦味。

麵糊

10

將雞蛋一顆一顆打入鋼盆。

11

將二砂糖、海藻糖、蜂蜜放入步驟10的鋼盆中，攪拌均勻。

12

將步驟9的榛果奶油加入，攪拌均勻備用。

13

加入步驟1過篩好的低粉及泡打粉，攪拌均勻至無顆粒狀。

14

再加入黑芝麻粉，攪拌均勻。

15

最後加入鮮奶油拌勻。

整型

16

做好的麵糊裝進擠花袋中封好，冷藏靜置至少6小時，如能冰上一晚，讓麵糊更為融合熟成更佳。

17

隔天取出麵糊，放置室溫靜置10分鐘回溫。

18

烤盤薄薄塗上脫模膏，也可以塗上無鹽奶油，撒上低筋麵粉。

19

將回溫的麵糊填入烤盤約八分滿。

烘烤

20

確認烤箱已達預熱溫度，放入下層先烘烤5分鐘，再降烤溫至上下火190℃，續烘烤約3〜4分鐘至表面上色即可。

TIPS

降烤溫時間判斷為瑪德蓮的肚臍已凸起到最高點，使用竹籤插入拔出如無沾黏即烤熟。

21

出爐趁熱脫模，放在置涼架上待涼。

包裝

22

使用長9.5×寬6.5公分餅乾袋單個包裝。

1 榛果奶油是指帶有類榛果香氣的奶油，像榛果色澤般的微焦糖化奶油，也像是一種牛奶糖香氣的奶油，可以讓瑪德蓮的香味更有層次感。煮的時候若擔心，可離火分段煮，依顏色判斷，不夠再加時間，煮好的榛果奶油內有很多金黃咖啡的沉澱物，是奶油中的牛奶固形物在奶油煮的過程中分離出來的，是榛果奶油主要的香氣來源，如果覺得麻煩，也可單純融化奶油即可，但香氣大大不同。

2 配方中的二砂糖、海藻糖可等量換成細砂糖，而使用海藻糖是增加濕潤感及降低甜度，可依喜好調整，甜度會略微不同。

3 因為迷你胖貝比較小顆，所以烤的時間比較短，烤箱溫度及時間還是要依不同烤箱溫度來調整，不同烤盤模具大小也是要調整烤的時間。

4 此配方使用蛋的大小連殼重約60克，去殼蛋液重約50克。

5 一般家用烤箱，瑪德蓮烤盤放到烤箱下層烤效果較好。

6 如果製作大量麵糊怕不好冰入冰箱，麵糊完成可分量裝入一次性的擠花袋，包好冷藏，隔天直接取出回溫，將袋子剪開即可擠入烤盤。

7 脫模膏製作為無水奶油100克＋中粉25克拌勻即可，需冷藏，可保存5個月，或者塗奶油撒上薄薄麵粉，脫模膏或奶油如果塗太多會導致瑪德蓮表面有孔洞較不美觀。

8 打蛋時先打入一個小碗，確認沒有問題再倒入鋼盆，避免直接打入蛋盆，以免遇到壞蛋。

9 剛出爐瑪德蓮為外酥內軟的口感，隔天回潤表面會變軟是正常的。

10 此配方可將芝麻粉更換為等量低筋麵粉，就是蜂蜜原味的瑪德蓮。

11 如果麵糊不夠擠滿整個烤盤時，空的位子可加一點水一起進爐烤，避免有的模空烤傷烤盤。

Cuite大方分享
還可以做做這口味！

香蕉巧克力瑪德蓮

材料
二砂糖40克
黑糖50克
海藻糖54克
全蛋 3顆
無鹽發酵奶油 150克
低筋麵粉 150克
無鋁泡打粉5克
香蕉泥150克
巧克力豆 100克（可不加）
鮮奶油 30克

製作重點

1 將去皮後150克的香蕉壓成泥狀，加入配方中40克的二砂糖，攪拌均勻後入鍋熬煮至以刮刀劃過鍋子底部留有刮痕，不易滴落的濃稠狀的香蕉果醬即可，煮完重量約剩120克。

2 並將香蕉果醬及巧克力豆，取代「蜂蜜芝麻瑪德蓮」步驟14的黑芝麻，其餘步驟均相同。

示範影片

推筒蛋糕

做法請見下一頁！

推筒蛋糕

這是一款非常吸睛又有著多種變化的甜點，只要將蛋糕體加入抹茶粉、紅麴粉或紫薯粉等天然色素來改變蛋糕體顏色；或是將餡料更改為自己喜歡的果醬、芋泥、紅豆餡、卡士達醬等，都可以為蛋糕加分，Diana 老師強力推薦再加上蝴蝶結裝飾，就是一支每個人都搶著要的美味推筒蛋糕。

份量	10 支
模具／道具	蛋糕推筒、35×26×2 烤盤×1
烤箱	大同 40L
烤溫	上火 190℃／下火 160℃
烘烤時間	30 分鐘
賞味期	密封冷藏保存 7 天
建議售價	40 元／支

食譜示範：Diana

材料

蛋黃糊
植物油　　　　40克
鮮奶　　　　　100克
低筋麵粉　　　75克
蛋黃　　　　　4個

蛋白霜
蛋白　　　　　4個
糖粉　　　　　45克

內餡
奶油乳酪　　　350克
水果切丁　　　適量

事前準備

1
預熱烤箱，並將白報紙依烤盤大小裁切（側邊白報紙可高於烤盤0.5公分），鋪在烤盤上。

2
低筋麵粉、糖粉分別過篩備用；水果切丁備用。

蛋黃糊

3
植物油放入小鍋中，以直火加熱至出現油紋後熄火，將過篩的低筋麵粉加入。

4
以手持打蛋器將低筋麵粉與植物油拌勻，呈現稠狀。

5
依序將鮮奶、蛋黃加入步驟4中。

6
以手持打蛋器將步驟5拌勻，完成蛋黃糊製作。

蛋白霜

7
將蛋白放入大碗中，電動打蛋器以高速攪打蛋白。

8
當蛋白出現小泡泡時，加入1/3的糖粉。

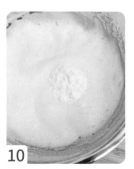

9
電動打蛋器繼續以高速攪打至蛋白變為白色時，再加入1/3的糖粉。

10
當蛋白霜出現明顯慕絲狀，將剩下的糖粉全部倒進去。

11
蛋白打到濕性發泡，呈現大彎勾狀，將打蛋器轉為慢速再繞幾圈，讓泡泡更加細緻。

混合

12
取一半蛋白霜加入步驟6的蛋黃糊中，以攪拌刮刀切拌，輕輕拌勻。

13

將步驟12倒回剩餘蛋白霜容器中,再以攪拌刮刀切拌混合均勻。

14

將麵糊倒入烤盤,用刮刀將麵糊均勻抹平,將烤盤輕敲兩下桌子震掉大氣泡。

TIPS

用刮刀將麵糊均勻分佈在烤盤上,尤其是四個角落要特別注意。

15

確認烤箱已達預熱溫度,放入烤箱中層烘烤30分鐘。時間到,輕拍蛋糕表面,確認蛋糕有砰砰聲,表示蛋糕已經熟了。

組合裝飾

16

將蛋糕移出烤盤放在置涼架上,撕開四周白報紙散熱備用。

17

奶油乳酪放入大碗中,以電動打蛋器打到鬆軟,放入擠花袋備用。

18

用推筒頂部壓出一片一片圓形蛋糕備用。

19

取出推筒,先放入一層蛋糕,用推棒把蛋糕推到最底部。

20

將花嘴貼近蛋糕,擠上一圈奶油乳酪。

21

再放入自己喜歡的水果(奇異果),果汁要瀝乾,只放進果粒,水果放入後,將推筒側邊以紙巾擦乾,保持推筒乾淨。

22

重複步驟19～21,最後在上方放上一片圓形蛋糕,蓋上筒蓋,推筒蛋糕完成。

23

於推筒下方綁上蝴蝶結裝飾,就是個好看又好吃的熱銷商品。

1 選用長35公分、寬26公分、高2公分的烤盤，可壓出30～35片圓形蛋糕，完成10支推筒。

2 如果須製作更多支推筒蛋糕，建議蛋糕一盤一盤烤，才能擁有最完美的蛋糕體。

3 內餡的水果可用自己喜歡的酸甜多汁水果，搭配起來較不甜膩，例如奇異果、草莓、芒果等。

4 若家中沒有擠花袋，也可使用三明治袋，剪開尖角後直接擠，也可加上大號的星形花嘴再擠，會有不一樣的紋路。

5 烤溫和時間一定要視自己烤箱特性斟酌調整。

關於 Diana

烘焙，讓我找到人生的自信與目標

因為想幫孩子做點心，所以開始接觸烘焙！一開始是參考網路食譜自學，起初雖然做得不好看，但是因為用料自己買，吃得也安心，再加上兩個女兒嘴巴很甜，總是稱讚媽媽做得超好吃，讓我愈做愈起勁。

之後有機會拿到學校和小孩的同學們分享，沒想到得到同學家長們的「歐樂」，紛紛要求開放訂購，讓原是全職媽媽的我，找到新的人生自信與目標。

就在一連串的接單過程中，網路上的烘焙影片已經滿足不了我，於是我下了決定繼續找專業老師上課，充實自己之餘，也努力考取證照，卻意外的開啟和咖啡廳合作之路，更在甜點求新求變的過程中，愛上韓式豆沙裱花，現在我已經是一名專業的裱花教學老師。

烘焙學問博大精深，我雖還是個初學者，但這卻是我堅定不會更改的路，感謝「朱雀出版社」及「管的幸福烘焙聯合國」社團，讓我有這份榮幸參與這本書製作，為公益盡一分棉薄之力。希望我親自實驗過的食譜，在你製作的同時也能吃出幸福感，傳遞到每位來園遊會的人手中。

小熊造型甜甜圈

古錐的熊熊足跡無所不在，小熊維尼、泰迪熊、熊大、拉拉熊、湯姆熊、熊讚等，大家都耳熟能詳，今天靜雅老師教大家做熊熊造型的小甜點。以全蛋做成的甜甜圈造型蛋糕體，沾裹上巧克力，再畫上臉部、用糖片點綴裝飾，這可愛小熊造型甜點，讓大人小孩看了都開心，吃了幸福又甜蜜。

份量	40 個
模具／道具	甜甜圈模、巧克力筆
烤箱	BOSCH
烤溫	上下火 170℃
烘烤時間	15 ～ 20 分鐘
賞味期	密封常溫保存 7 天
建議售價	35 ～ 50 元／包

食譜示範：楊靜雅

材料

牛奶	40克
無鹽奶油	80克
低筋麵粉	140克
蛋	4顆
糖	80克
泡打粉	1茶匙
鹽	1/4茶匙
杏仁片	適量
大顆白巧克力釦	150克
黃色巧克力色膏	少許
小顆白巧克力釦	裝飾用數顆
黑色巧克力筆	1支
粉色巧克力筆	1支
愛心糖片	少許

事前準備

1

甜甜圈模刷上少許奶油，並鋪上麵粉置於一旁備用。

2

低筋麵粉和泡打粉混合均勻，過篩備用。

蛋糕體

3

無鹽奶油隔水加熱至融化備用。

4

白巧克力釦隔水加熱融化，加入黃色色膏調色備用。

全蛋麵糊

5

黑色、粉色巧克力筆隔水加熱變軟備用。

6

將雞蛋、鹽和糖放入鋼盆，混合攪拌到顏色稍微泛白的蛋糊，加入牛奶拌均。

7

將步驟2過篩的粉類，倒入蛋糕中，以矽膠刮刀輕輕切拌均勻。

8

將融化的無鹽奶油倒入，輕輕切拌成均勻的麵糊。

整型

9

麵糊放入擠花袋，剪一個小洞，將麵糊填入甜甜圈模。

烘烤

10

確認烤箱已達溫，放入烤箱下層烘烤至熟，時間到以牙籤穿入測試，取出沒有麵糊沾黏表示烤熟。

11

烘烤完脫模放涼，用牙籤輔助挑出甜甜圈脫模。

裝飾

12

取一甜甜圈面朝下，沾上步驟4調好的巧克力，只沾至1/2。

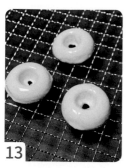

13

沾裹後左右輕輕搖晃，讓多餘的巧克力滴落並放涼待乾。

14

在甜甜圈上方中間兩側用小刀輕輕切出一道小縫，插入杏仁片當小熊耳朵。

15

取一小白巧克力釦，背後沾點巧克力，黏在甜甜圈上當鼻子。

16

取一愛心糖片沾黏於甜甜圈上裝飾。

包裝

17

用粉色巧克力筆點出耳朵內耳，黑色巧克力筆點出眼睛、黑鼻子。

18

在甜甜圈下方用小刀切出一道小縫。

19

用棒棒糖棍沾取一點巧克力插入小縫中即完成。

20

包裝袋可選用8×12公分的平口袋包裝，在棒棒糖紙棍上再綁上紙魔帶或禮物吊卡就更美了。

靜雅小叮嚀

1 市售油炸的甜甜圈熱量很高，採用烘烤方式製作甜甜圈，少了油膩多了健康，很適合跟孩子共享。

2 巧克力調色要使用巧克力專用的油性色膏，不能用一般常用的水性色膏染，會油水分離。

3 甜甜圈表面的巧克力如果產生氣泡，要用針筆或牙籤將氣泡戳破，以免巧克力凝固後產生凹洞。

4 調色後的巧克力若比較透光或不飽滿，可待巧克力凝固後再沾上第二層，讓顏色更飽滿。

Part 3
飲品&餐包鹹點

來呦！來呦！快來吃呦！
貴桑桑的黑糖珍珠奶茶、迷人的漸層汽泡飲、
手撕麵包、造型饅頭、美味鹹派……
都那麼吸引人，
還有還有，香噴噴的鹹酥雞、涮嘴的滷味……
左手拿一項、右手提兩樣，
吃得嘴巴停不下來！

示 範 影 片

蜂蜜檸檬星空飲

利用蝶豆花遇酸變紫紅色、遇鹼變藍綠色的特性，製造出漸層的視覺效果。柏林娜老師在多方嘗試下，終於做出這款視覺與味覺兼具的唯美飲品。不但在園遊會中必定能脫穎而出；更適合與親子一起進行的魔術遊戲，讓媽媽在孩子心中的地位瞬間提升至女神般境界，孩子更能得到無限成就感。

份量	3 杯，每杯約 450ml
道具	窄口玻璃杯或飲料杯
賞味期	建議現泡現喝
建議售價	60 元／杯

食譜示範：柏林娜

材料

蝶豆花濃縮液

乾燥蝶豆花	1克
水	125克

星空飲

蝶豆花濃縮液	60克
蜂蜜	75克
冷開水A	60克
檸檬汁	60克
冰塊	540克
冷開水B	480克

製作蝶豆花濃縮液

1. 乾燥蝶豆花與水放入窄口深鍋中，開小火將蝶豆花水煮滾。

2. 轉微火煮8分鐘後熄火，蓋鍋蓋燜泡10分鐘，直到蝶豆花明顯褪色。

3. 將蝶豆花自鍋中過濾擠乾，取出約60克濃縮液放涼備用。

製作飲品

4. 將蜂蜜、冷開水A、檸檬汁放入大碗中攪拌均勻成蜂蜜檸檬汁備用。

5 取三杯500CC的窄口透明玻璃杯,分別倒入1/3的蜂蜜檸檬汁。

6 再分別在玻璃杯裡加入180克冰塊。

7 將放涼的蝶豆花濃縮液,加入冷開水B攪勻成蝶豆花水。

8 沿著玻璃杯內的冰塊上,輕輕倒入1/3的蝶豆花水,形成美麗漸層色,飲料完成。

柏林娜小叮嚀

1　蝶豆花雖屬天然植物色素,但對孕婦、凝血功能不足、血壓及血糖不穩定者、更年期婦女或經期不穩定者,建議應避免飲用。

2　煮好蝶豆花需經過燜泡,才能萃取出蝶豆花的顏色,而燜泡的時間判斷標準,是蝶豆花是否明顯褪色。

3　建議選擇窄口瓶身的容器,較容易製造出漸層效果。

4　飲品口味可自行調配酸度及甜度。

5　飲品的中層一定要利用冰塊做緩衝,如果拿掉冰塊或是換成冷開水,會降低製造漸層的成功率。

6　蝶豆花濃縮液放涼,可裝罐放冷凍冰存2～3個月,需要使用時退冰即可。

7　製作蝶豆花濃縮液使用材料一覽表:

乾燥蝶豆花(克)	水(克)	煮(分鐘)	燜(分鐘)	濃縮液(克)	可做飲品(杯)
1	125	8	10	60	3
3	375	10	12	180	9

1克乾燥的蝶豆花,加上125克的水,可以燜煮出60克的濃縮液,製作出3杯飲品,以這樣的配方,算出自己想要做的飲品杯數。只有在煮及燜的時間需要微調。每增加2克乾燥蝶豆花,水增加250克,煮時間增加2分鐘,燜時間增加2分鐘,以此類推。

和孩子一起用食物傳遞幸福

　　讓我無怨無悔踏上烘焙這條不歸路，要感謝管理員邱嘉慧管理的社團。社團裡的前輩、老師與伙伴們給予的無限支持與鼓勵，讓我由衷感謝。

　　兩年前的我正處於人生低潮，再加上得照顧小朋友，每天生活只在家裡重複做著一樣事情。正當沮喪之時，我獲得了社團的入社門票，開啟了我和社團奇妙的緣分。還記得當時剛入社，因為沒有任何基礎，只敢默默潛水，「視」吃和學習前輩老師們的知識，是我每天必做的功課，也是當時最紓壓的方式之一。

　　「視」吃久了，難免會心動，手也開始癢了！某天，突然好想吃蛋糕捲，二話不說進入社團隨機選了個自己喜歡的配方，然後就這樣傻傻的做起蛋糕捲。那次成功的興奮感、孩子投以媽媽好厲害的眼神，至今我仍難以忘懷，也讓我下定決心，在烘焙的這條路，我要一直走下去。

　　整個玩烘焙的過程，老公剛開始並不怎麼支持我，之後我試著讓老公了解烘焙是我獲得成就感和紓壓的方式之一，漸漸軟化了他的態度。直到今日有幸參與這本書的製作，老公也全力支持，成為我最有力的後盾！

　　書中我提供的食譜，都是平常在家會帶孩子一起進行的私房點心食譜，除了適合園遊會外，也很適合在家帶著孩子打發時間，進行親子同樂活動。尤其是爆米花，翻爆的過程很療癒，猶記第一次帶著孩子做爆米花，孩子的興奮神情，讓我想起母親在我小時候帶著我一起做爆米花的幸福時光。

　　幸福是會感染的，我用食物傳遞幸福，透過這本書，希望各位也能成為孩子心目中的魔女媽咪，信手拈來就能變出一道道好看好吃又美味的點心。

示 範 影 片

夏日鮮果茶

這是柏林娜老師家中夏日必備飲料，她利用夏季盛產的水果煮成果醬，不僅可塗抹麵包、吐司，拿來和紅茶、當季水果片做成冷熱皆宜的水果茶，更是家中小朋友的最愛。炎夏來一杯沁涼冷飲；寒冬泡上一壺溫暖熱飲，它都是上上之選。不論冷熱，鮮果茶都是在園遊會上受歡迎的飲品寵兒。

材料

飲品基底

紅茶包	10包
熱開水A	3,500克
熱開水B	500克
話梅	10顆
冷開水	1,500克

夏日鮮果醬

鳳梨	360克
柳丁或甜橙果肉	240克
百香果A	80克
百香果B	50克
綠檸檬果肉A	50克
綠檸檬果肉B	45克
白細砂糖	380 克

新鮮水果

鹽水	500克水＋5克鹽
蘋果片	150克
柳丁片或甜橙片	180克
芭樂片	200克
鳳梨片	200克
金桔汁	10～20顆

份量	10 杯，每杯 700ml
模具／道具	700ml 的杯子
賞味期	即做即飲
建議售價	70 元／杯

食譜示範：柏林娜

夏日鮮果醬

1 將鳳梨心切掉不用，鳳梨果肉切丁；柳丁和檸檬取出果肉和汁液；百香果取果肉，各項分別秤好備用。

2 將鳳梨丁、柳丁果肉、百香果肉A、綠檸檬果肉A放入鍋中，加入白細砂糖攪拌均勻。

3 開中火煮至沸騰，全程約9～10分鐘就能煮至沸騰。鍋中材料愈多，煮至沸騰時間就會拉長。

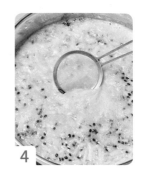

4 沸騰後轉小火，續煮25分鐘，過程中用濾勺撈起浮沫。熬煮全程要顧爐攪拌，注意不要燒焦黏鍋底。

5 25分鐘過後，繼續維持小火，再加入百香果肉B、綠檸檬果肉B攪拌均勻。

TIPS

百香果及檸檬果肉分兩次加入，不僅可維持果醬酸度、香氣與色澤，也讓果醬吃起來不甜膩，視覺上更好看。百香果久煮後香氣大減，也僅剩黑籽，分兩次加入能補其不足。

6 再以小火續煮13分鐘，繼續撈除浮沫。時間到確認果醬濃稠度適中即可關火。

TIPS

舀一小匙在盤子上待涼，用木湯匙畫過，如線條無法合起，就是果醬熬煮完成的最佳狀態。

飲品基底

7 紅茶包放入碗中，加入熱開水A，浸泡3～5分鐘取出，取得紅茶約3,300克。

8 熱水B放入另個碗中，加入話梅浸泡3分鐘。

9 取600克果醬放入碗中，加入冷開水調勻，部分冷開水可用冰塊取代，維持冰塊＋冷開水為1,500克。

準備水果

10 以500克水加入5克鹽調勻，做成鹽水備用。

組合

11
將適量鹽水放入大碗中，蘋果切薄片，放入鹽水中防止氧化變黑；甜橙或柳丁，芭樂，鳳梨皆切薄片；金桔擠汁備用。

12
將步驟 7～9 混合在大桶中，分成10杯。

13
將浸泡鹽水的蘋果片瀝乾取出，加入步驟12中，再將其他果片及金桔汁加入，拌勻後水果朵就完成了。

TIPS
可用個人喜歡的水果果片製作水果茶。容器可選擇簡單的透明塑膠杯，或是較具質感的梅森杯。

柏林娜小叮嚀

1 製作飲品基底的步驟中以單杯為示範，是將飲品基底的材料除以10來示範。

2 果醬濃稠度判斷方式以盤子或湯匙劃直線有溝痕，不合起來為主。煮太稠，冷後會太硬，不易抹麵包吐司。若真的將果醬煮得太硬，可加入100～200CC的熱開水，重新煮至適當的稠度，但非不得已並不建議這樣，因為整體的風味會跑掉。

3 此配方最後完成的果醬約在600～660克左右，約為10～11杯水果茶份量。

4 份量愈多，煮成果醬的時間會愈長，建議計算好用量，將果醬分批熬煮冷藏備用。

5 裝果醬的罐子需事先洗淨及殺菌乾燥。可用滾燙熱水燙罐，拿起後靜置風乾或放烘碗機殺菌。務必先確認裝填容器是無水無油才可裝罐，否則容易發霉。製作好的果醬如不立刻使用，可以取消毒過後的乾燥果醬罐，填裝果醬蓋好鎖緊，倒扣形成真空狀態保存。

6 果醬之食材可事先處理放冷凍，要熬煮之前拿出至室溫退冰成常溫狀態才可使用。

7 取柑橘類果肉的小技巧：

A. 先將柳丁或檸檬頭尾切除。

B. 再從柑橘類中間橫切一刀。

C. 放平後把皮切掉。

D. 順著白膜邊再一片一片用刀子取出果肉。

飲 品 & 鹹 點

示範影片

黑糖珍珠鮮奶茶

這一兩年爆紅的黑糖珍珠鮮奶茶，有 Q 彈有嚼勁的珍珠粉圓、濃醇香的鮮奶及濃稠的黑糖蜜，是許多人的最愛，不過一杯要價不斐。柏林娜老師實驗數十次，終於做出不輸名店的黑糖珍奶，相信它也會是園遊會中最吸睛熱賣的商品之一。

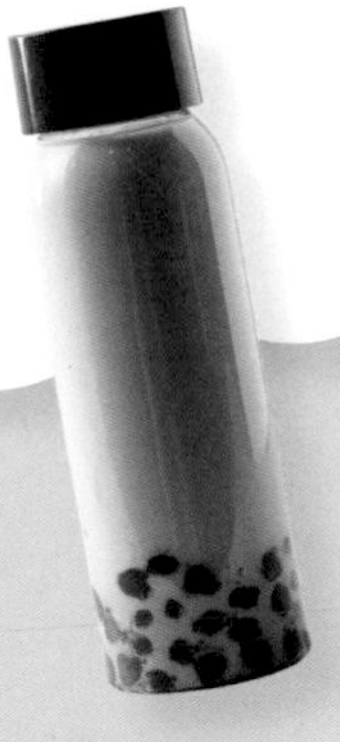

份量	6 杯，每杯 500 ml
模具／道具	溫度計、果汁機或均質攪拌棒、玻璃杯或飲料杯
賞味期	即做即飲
建議售價	黑糖珍珠鮮奶茶 70 元／杯 水果珍珠粉圓 65 元／杯

食譜示範：柏林娜

材料

奶茶

沖泡紅茶包	6包
熱開水	1,800克
牛奶	900克

黑糖珍珠粉圓

樹薯粉	288 克
黑糖粉A	144 克
水	224 克
太白粉	少許

黑糖蜜

黑糖B	48克
二砂糖	32克
水	148克

其他

水	4,860克
黑糖粉C	162克

黑糖珍珠粉圓

1
準備一個乾燥料理盆，放入樹薯粉和黑糖粉A。

2
用手將樹薯黑糖粉拌勻，因黑糖粉易結塊，以手揉勻最保險。

3
鍋中裝水224克，以中小火煮至水滾（約5分35秒～5分40秒關火），此時水量應只剩123克，為粉團的最佳含水量。

4
快速沖入粉鍋中，沖入後，此時以磅秤量測滾水沖入標準量應落在122～126克間，最佳為123克。

5
用筷子以畫圓方式攪拌約2～3分鐘。

TIPS
筷子畫圓方式，目的是讓沖到熱水的粉團去黏著沒沖到熱水的粉團，使其整個粉團能自然黏著成團。畫圓方式同時也可散熱，更有利於後續用手揉成團時，不會被燙傷。

6
以手掌按壓成團，搓揉約10～15分鐘，讓黑糖塊藉由手溫融化吸收進粉團，直至無白色粉狀。

TIPS

揉好的粉團以塑膠袋覆蓋，避免吹風乾裂。

7
將粉團搓成數條直徑約0.8～0.9公分、長約30公分的細長條狀。再切成每一小段約為0.8～0.9公分大小的小方塊，要避免切太大塊，否則煮熟時間會拉長，且不易通過粗吸管。用手指將小方塊搓成圓球狀。

8
撒上少許太白粉防沾黏。

黑糖蜜

9
再用濾網過篩多餘的太白粉即完成（此配方約可完成540～545克黑糖粉圓）。

10
將黑糖蜜所有材料放入窄口深鍋中，攪拌均勻。

11
開小火，糖未融化前只能搖轉鍋具，糖完全融化後（約100～102℃）才可輕輕搖鍋但不攪拌，煮黑糖蜜易焦，建議要顧爐。煮至溫度至105℃關火，放涼備用。

煮粉圓

12
將4,860克的水（水量為粉圓量9倍）置於深鍋中，開中大火將水煮至沸騰。

13
煮沸後，放入540克黑糖珍珠粉圓，以湯匙輕輕攪拌避免黏著。

14
待粉圓浮起再次沸騰，轉中小火續滾30～35分鐘，小心顧爐，不時攪拌避免黏鍋。

未煮　已煮熟

15
時間到後，粉圓會脹大浮起。

熟透

中間有白粉，還未熟透

16
關火前用剪刀剪開看熟度，煮熟的粉圓中間無白色粉質。如果還有粉質，再續煮幾分鐘直至熟透為止。

17
黑糖粉C放入鋼盆中備用。粉圓確認煮熟後，撈起瀝乾水分，快速放入黑糖粉中。

18
趁熱快速攪拌均勻，讓每顆粉圓都吸收到黑糖粉。

19
放置一旁蜜10分鐘，待粉圓吸收糖蜜後，會變緊實Q彈。

黑糖珍珠奶茶

20
紅茶包放入碗中，加入熱開水，浸泡5～8分鐘取出茶包。

21
取一玻璃杯或飲料杯，每杯裝入90克煮熟的黑糖珍珠粉圓。

22
每杯加入150克牛奶、12～15克黑糖蜜，再加入泡好的紅茶280克，黑糖珍珠奶茶即完成。

柏林娜小叮嚀

1　粉圓可多做一點放冷凍冰存，要使用時拿出直接煮，非常快速方便。做好的成品用密封袋裝好，冷藏可保存2～3天，冷凍則可保存2～3個月。

2　煮滾水的鍋具，盡量選擇窄口深鍋或厚底鍋，煮滾水關火後，水溫才不會下降太快，保溫性較佳。

3　沖入粉鍋的水，一定要煮沸大滾，否則容易使粉類未糊化導致失敗。

4　粉圓整型時，勿搓太大顆，因為煮熟後會膨脹。整型大小以可通過粗吸管管徑為佳。

5　粉團可於使用前一天揉好置於冰箱備用，翌日要整型成粉圓時，拿出退冰10～15分鐘即可操作。

6　粉鍋下墊磅秤，放上粉鍋後歸零，待液體沖入粉鍋後，可得知沖入液體量過多或過少？煮水至滾後只要沖入122～126克的滾水即可，多餘的水須捨棄，同時也表示煮水的火候太小，下次操作要增強火候；若煮水至滾沖入粉鍋中時，發現水量不夠，即表示火候太大，下次操作得把火候調小。水量不足的粉團，搓成粉圓的過程易乾裂不好塑圓，若粉團太乾建議捨棄不用重新製作。各品牌粉類吸水量不同，請依粉類特性自行斟酌增加或減少水量。

7　煮粉圓的水量是粉圓量的9倍；蜜糖的黑糖量是粉圓量的0.3倍。粉圓一定要完全煮熟才能蜜糖，因為粉圓受熱膨脹，吸收到高濃度的糖粉後會變緊實，因此若將未煮熟的粉圓蜜糖，會導致未熟的中心粉質變硬，難以補救造成浪費。

8　熬煮粉圓時間到時，一定要立刻剪開一顆確認是否煮透。千萬不要以鍋中粉圓狀況做判斷，以免粉圓煮太久糊掉，而且愈煮愈小。

9　煮熟吃不完的黑糖珍珠粉圓，冰入冰箱會變硬，隔天若要食用，電鍋外加一杯水，先蒸煮至冒水蒸氣，再放入黑糖珍珠粉圓蒸煮10分鐘，即回復Q彈口感。但切勿蒸煮太久會過於軟爛。

10　建議黑糖珍珠粉圓，一次均不要煮太多，因為粉圓放久涼了後，澱粉質會老化變硬，建議要吃多少煮多少。煮熟黑糖珍珠粉圓於室溫可放置3～4小時，超過時間口感會變不好，即使可用保溫方式保持Q彈口感，但也僅能維持4～6小時，請自行斟酌份量。

11　黑糖蜜煮好後，建議密封放冰箱冷藏保存，較不易酸敗。

12　製作紅茶時，可以一口氣製作6杯，也可以一杯一杯製作。6杯一起製作時，如步驟22做法；如果只有少量製作，則一包紅茶包加300克熱開水；兩包紅茶包加600克熱開水，以此類推。

水果粉圓汽泡飲

有了製作珍珠粉圓的經驗，柏林娜老師又特別以水果製作水果粉圓，不僅色澤繽紛，口感Q彈，更重要的是完全無色素，健康100分。搭配蝶豆汽泡飲，不僅奪人目光，更有著清新脫俗的滋味，是款味蕾和視覺都滿分的飲品。

 材料 （10杯／每杯500ml） 食譜示範：柏林娜

蝶豆汽泡飲		水果粉圓		百香果	50克
冰塊	650克	樹薯粉	122克×4	水C	80克
水	300克	片栗粉	33克×4		
雪碧	2,900克	太白粉	適量	鳳梨丁	60克
蝶豆花濃縮液	適量	紅色火龍果丁	85克	水D	75克
		水A	45克	**其他**	
				水	水果粉圓的6倍
		芭樂丁	50克	白砂糖	水果粉圓的1/5倍
		水B	105克		

水果粉圓

1
將水果粉圓材料中的4份樹薯澱粉與片栗粉（馬鈴薯澱粉）分別放入鍋中混拌均勻，成為4份粉鍋備用。

2
將火龍果丁、芭樂丁及鳳梨丁分別加入水A、水B及水D，以果汁機或均質攪拌棒，打成果汁或果泥放旁備用。百香果與水C混合均勻即可。

3
紅龍果泥汁放入鍋中，以小火煮2分05秒直至沸騰，快速沖入其中一份粉鍋中（火龍果粉團標準水分量為104～109克，106克成品最好）。

TIPS
其他芭樂、鳳梨及百香果等口味需要煮的時間及水量，請見「柏林娜小叮嚀」。

125

熬煮&汽泡飲

4
趁熱用筷子畫圓拌均勻，接著同黑糖粉圓步驟6～9，將4種口味的水果粉圓製作完成。依配方各口味分別可製成250～260克的粉圓。

5
同黑糖粉圓煮法，水量為水果粉圓的6倍、糖為水果粉圓的1/5，煮12分鐘，蜜10分鐘。

6
取煮熟的綜合水果粉圓90克放入飲料容器中，每杯加入65克冰塊、30克水及290克雪碧。

7
最後滴入幾滴蝶豆花濃縮液（見P.113），形成漸層效果，水果粉圓汽泡飲即完成。

柏林娜小叮嚀

1 因每種水果的水分含量不一，為讓粉團軟硬度接近，所以標準水量有些許差異。

芭樂汁以小火煮2分50秒，標準水量為110～116克，最佳為114克。

百香果汁以小火煮2分20秒，標準水量為108～116克，最佳為112克。

鳳梨汁以小火煮2分45秒，標準水量為98～110克，最佳為106克。

2 水果粉圓製作及熬煮過程與黑糖珍珠粉圓一樣，可參考前面的小叮嚀。煮熟水果粉圓於室溫可放置的時間比黑糖珍珠粉圓更短，大概只有2～3小時左右，因此製作這款飲品時，要拿捏一下時間。

3 水果粉圓的粉團，建議當天要用再製作，因為冰過的水果粉圓粉團無法塑型成圓球狀，易鬆散；同時煮熟的水果粉圓會漲大，但遇冷空氣容易因澱粉老化而導致變硬，建議要用多少煮多少。

未煮　已煮熟

4 使用的水果須處於常溫狀態，如冷藏過要拿至室溫退冰成常溫方可使用。冰冷的水果會影響煮沸時間。

5 煮熟的水果粉圓冰過亦會變硬，可以拿出至電鍋回蒸，電鍋外鍋放水蒸煮冒蒸氣後再放入，蒸10分鐘即可，不可蒸太久，口感會軟爛。

示範影片

熊熊棒棒糖手撕麵包

做法請見下一頁！

熊熊棒棒糖手撕麵包

蔓妮老師最愛把簡單的麵包，加上一點小的變化，做成讓人愛不釋手的新造型。這款把小餐包變身成圓滾滾的熊熊，可愛度大爆表，不只療癒自己，也絕對能擄獲小朋友的心。現在換你來發揮小小的創意，做出屬於自己的造型麵包吧！

份量	7 支
模具／道具	紙吸管×7
烤箱	Dr.Good
烤溫	上火 200℃／下火 170℃
烘烤時間	15 ～ 17 分鐘
賞味期	密封常溫保存 2 天
建議售價	50 元／串

食譜示範：何蔓妮

材料

高筋麵粉	500克
白砂糖	50克
奶粉	15克
鹽	5克
速發酵母	3克
全蛋	1顆
冰水	270～300克
無鹽奶油	50克
草莓粉	適量
抹茶粉	適量
紙吸管	數支
巧克力筆	適量

事前準備

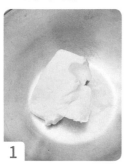

1

無鹽奶油置於室溫軟化備用。

麵包麵團

2

將乾性材料（麵粉、奶粉、糖、鹽、酵母）分別放入攪拌缸。

3

將濕性材料（蛋、冰水）倒入攪拌缸。

4

用鉤形攪拌棒以慢速將材料混合均勻。

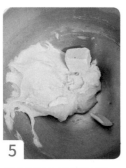

5

待材料均勻成團後，轉至中速打出筋度，加入軟化的無鹽奶油，轉慢速攪拌至麵團吸收奶油。

6

再轉中速打至可拉出薄膜的完全擴展狀態。

整型＆發酵

7

將麵團分割成三等分，其中兩份分別加入草莓粉及抹茶粉，混合至上色均勻，蓋上塑膠袋進行基本發酵。

8

基礎發酵後，取出各色麵團，分別分割成每顆40克麵團滾圓，靜置10分中間發酵鬆弛。

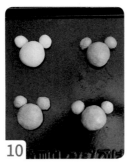

9

將每個40克麵團分30克及2個5克麵團。

烘烤＆裝飾

10

30克麵團為臉部，5克麵團為耳朵，將一大兩小的麵團做成熊寶寶樣。

11

最終發酵約30分或直至麵團變為原來的1.5～2倍大，即可入爐烘烤。

12

確認烤箱已達預熱溫度，放進下層烘烤，時間到即可出爐，置於涼架上放涼。

包裝

13
取出巧克力筆，隔水融化備用。

14
待麵包稍放涼後，以巧克力筆畫上五官，做出造型。

15
待巧克力完全凝固後各別插入紙吸管。

16
裝入長條狀的透明玻璃紙袋，封口處打上可愛的蝴蝶結，可愛的熊熊棒棒糖手撕麵包完成。

蔓妮小叮嚀

1　染色時動作請盡量輕柔，勿過度搓揉麵團，因為搓揉過度的麵團會因為酵母的持續發酵，變得愈來愈黏手，增加整型的困難度，且有扯斷麵筋疑慮。

2　因做造型需要較多時間，此配方酵母已減量，延緩發酵速度。

3　即使酵母已減量，但因卡通造型需較多時間，所以發酵時間仍要注意勿過久，以免過發造成出爐後麵包皺縮。

4　步驟7的基礎發酵至少30分鐘，或見麵團變成原來的1.5～2倍大即可。

5　麵包出爐，將烤盤輕敲一下，震出空氣。

6　使用天然色粉染色烘烤過程中會褪色，入爐約10分鐘後（或見開始上色），可適時蓋上鋁箔紙，以維持色澤。

7　可使用巧克力粉、紅麴粉、胡蘿蔔粉、紫薯粉、南瓜粉、薑黃粉等變化顏色，各種天然色粉適量約高筋麵粉的3～4%。

8　麵團加色粉這樣揉：

　　A. 色粉先加一點點水融化成濃稠狀。
　　B. 將麵團放在色粉上頭。
　　C. 以揉麵的方式將麵團和色粉混合。
　　D. 直至上色均勻。

示範影片

熱狗捲小餐包

做法請見下一頁！

熱狗捲小餐包

這款由「愛與恨」老師親自教授的台式麵包配方，由蔓妮老師演繹出更棒的口感。迷你可愛的熱狗捲，搭配上脆脆的德式香腸，不論是當成早餐，或是外出攜帶當點心都很方便，是一款大人小孩都會喜歡的口味。你也動手來試看看！

份量	18 ～ 20 個
烤箱	Dr.Good
烤溫	上火 200℃／下火 170℃
烘烤時間	16 ～ 18 分鐘
賞味期	密封常溫保存 2 天
建議售價	25 元／個

本食譜配方來源：愛與恨老師
食譜示範：何蔓妮

材料

高筋麵粉	500克
奶粉	15克
白砂糖	100克
鹽	5克
速發酵母	5克
全蛋	100克
冰鮮奶	100克
冰水	125～130克
無鹽奶油	50克
德式香腸	10支

事前準備

1
無鹽奶油置於室溫軟化備用，德式香腸切半備用。

麵包麵團

2
依「熊熊棒棒糖手撕麵包（P.127）」步驟2～6，完成麵包麵團製作。

3
麵團取出收圓後放入鋼盆，表面噴少許水，蓋上塑膠袋基本發酵60分鐘。

整型 & 發酵

4
基礎發酵完成後，將麵團分割每50克／顆，滾圓蓋上塑膠袋，進行中間發酵15分鐘。

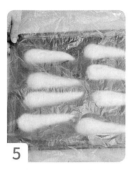

5

取出發酵好的麵團，將麵團滾成上寬下窄的水滴形，蓋上塑膠袋，靜置10分鐘。

6

將水滴形麵團擀開，慢慢拉長至長度約25～28公分的水滴形。

7

上面放上一條切半的德式香腸輕輕捲起，收尾的部分要確實壓在麵團底部，最後發酵時才不會翻起。放入烤盤依序排好。

烘烤

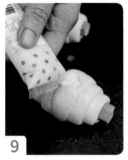

8

整型完成後，進行最後發酵（約40～50分鐘），入爐前刷上全蛋液。

9

麵團中間用剪刀剪出一道小缺口，在上頭擠上美奶滋。

10

確認烤箱已達預熱溫度，放入下層烘烤，時間到即可出爐，在表面撒上巴西利裝飾。

11

放涼後，即可以使用透明的玻璃紙自黏袋封口。

蔓妮小叮嚀

1 這裡使用的是中小型蛋，每顆約55～60克。

2 新手若整型速度較緩慢，步驟4、5可省略靜置時間，直接進入下一個步驟，最後發酵的時間也要縮短，避免過度發酵造成紋路消失。

3 步驟7捲的力道要輕，不要捲太緊，避免出爐後紋路消失。

飲 品 & 鹹 點

示 範 影 片

鮮蔬培根鹹派

Diana 專為園遊會設計的「鹹派」食譜，強調只要掌握蛋奶液的做法，餡料可以隨自己喜好變換。不愛甜食的你，不妨來做做這款美味的點心。如果要在園遊會上販售，可以在家先完成製作，在園遊會現場擺盤在三層架上，就無敵吸睛。常溫放置一天沒有問題，不須冰箱帶著走。

材料

份量	12 份
模具／道具	鋁派盤 #211
烤箱	大同 40L
烤溫	上下火 180℃
烘烤時間	30 分鐘
賞味期	密封常溫保存 1 天、冷藏保存 1 週
建議售價	50 元／個

食譜示範：Diana

派皮

無鹽奶油	90克
低筋麵粉	180克
蛋黃	1顆
鹽	1克
冰水	30克
蛋白	1顆

蛋奶液

全蛋	2顆
鮮奶	135克
動物性鮮奶油	15克
鹽	1克
黑胡椒	適量

餡料

培根	3條
青花菜	半顆
小蕃茄	10顆
PIZZA用乳酪絲	1包

事前準備

1
培根、青花菜、小蕃茄切丁備用；無鹽奶油切小丁，放冰箱冷藏備用。

派皮

2
低筋麵粉和鹽混合過篩在工作檯上，放上冰的無鹽奶油。

3
雙手各拿一支刮板一邊切奶油，一邊集中麵粉，混合麵粉和奶油（不建議手揉）。

4
混合好在中間戳洞，倒入蛋黃和冰水，以刮板壓拌成團，保鮮膜包好冷藏1小時。

5
鋪張烘焙紙，放上鬆弛好的麵團，再蓋上烘焙紙，準備擀開麵團。此法無需使用大量手粉，麵團也不會沾黏擀麵棍破損。

6
用擀麵棍將麵團擀開成約3公釐的厚度，用比派盤稍大的圓圈壓出一份份派皮。

7
派皮放入派模中，從中心向外輕壓貼合，切掉多餘的派皮，再以指腹輕壓邊緣。

8
用叉子在派皮底部戳洞，避免烘烤時派皮凸起，冷藏半小時，減少空烤回縮率。

9
派皮冷藏後墊上烘焙紙＋派重石，以上下火180℃烘烤15分鐘，將派皮取出，拿掉派重石。

10
在派皮上刷上一層蛋白（避免下餡料時液體流出），再烘烤7分鐘，派皮完成。

蛋奶液

11
將蛋、鮮奶、鮮奶油、鹽、胡椒全部攪拌混合成均勻的蛋奶液，過篩備用。

填餡＆烘烤

12
依序放入切丁的培根、青花菜、小蕃茄於烤好的派皮中。

包裝

13
將過篩後的蛋奶液，加入派中至九分滿。

14
撒上滿滿乳酪絲。

15
確認烤箱已達180℃，放入烤箱中層烘烤30分鐘，待乳酪絲融化、上色即可出爐。

16
出爐放涼後，鮮蔬培根鹹派可以用11×11公分自黏袋單個包裝販售。

Diana 小叮嚀

1　食譜示範用的鋁派盤，是方便園遊會包裝及大量製作，也可以使用家中現有的派模做，再放涼脫模包裝；或是做成大塊的派，裁切成小等分三角形包裝。

2　派皮的麵團多做可以先冷凍保存，麵團冷凍可存放一個月。

3　40L烤箱一盤可烤12個鹹派，需製作數量較多的話，可用兩倍食材的量，以兩盤進爐烘烤，記得最後十分鐘時，上下盤交換同時掉頭（烤盤平轉180度）再繼續烤，讓每個鹹派均勻的受熱。

4　烤好的鹹派置於室溫一天沒有問題，也可以冷藏保存，要吃時以上下火130℃回烤10分鐘即可。

5　麵團取出，先用擀麵棍以按壓的方式，讓麵團組織軟化一點再擀開，如果覺得麵團沒有延展性，可將麵團折疊再重新擀開，重複幾次，麵團就會變得很柔順了。若是從冰箱冷凍庫剛拿出來的硬派皮麵團，可用擀麵棍以逐步敲開方式操作，或是放於室溫稍微回軟約5～10分鐘，用擀麵棍以十字交叉方式，壓平再擀開。

小星星冰棒饅頭

厭倦了吃白饅頭嗎？甜芳老師靈機一動，將白饅頭的材料加入一些蔬果色粉，再做點創意造型，大小適中好入口微笑星星饅頭就完成了！加了冰棒棍更具趣味，不僅小朋友一口接一口，也滿足小孩對冰棒的渴望。

材料

份量	8 顆小星星饅頭＋12 顆小丸子起司球串
道具	擀麵棍或桌上型壓麵機、7×7 饅頭紙、竹蒸籠×2
蒸鍋	10 人份電鍋
蒸煮時間	外鍋 1.5 杯水
賞味期	密封常溫保存 2 天、冷藏 保存 3 天、冷凍保存 1 個月
建議售價	30 元／2 顆

食譜示範：王甜芳

基礎麵團

水	250CC
白砂糖	40克
橄欖油	5克
酵母	1茶匙
中筋麵粉	500克

食用色粉

淺粉色麵團：紅麴粉	0.2克
淺紫色麵團：紫地瓜粉	0.5克
淺綠色麵團：菠菜粉	0.5克
淺黃色麵團：南瓜粉	4克
深紅色麵團：紅麴粉	0.5克
黑色麵團：竹炭粉	少許

基礎麵團

1
將麵團所有材料（除中筋麵粉外）放入盆中，以攪拌刮刀混合均勻備用。

2
加入中筋麵粉，以手揉或使用攪拌器以勾形攪拌棒將材料揉成均勻的白色麵團。

TIPS
麵團要呈現有光澤感才算完成。

彩色麵團

3
將麵團取出400克，分割4等分，每等分100公克。

整型

4
將4份白色麵團分別與配方中食用色粉混合，以擀麵棍或壓麵機製作淺粉、淺藍、淺綠及淺紫麵團。

5
再取2份10克白色麵團，分別與食用色粉混合成深紅色及黑色麵團。

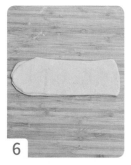

6
以擀麵棍將4色麵團分別擀成長18×寬6×厚0.3公分的4色麵皮備用。

7
擀好的麵皮折成三折。

8
再利用星星模型在4色折成三折的麵皮上，分別壓出數個星星狀麵皮。

9
取黑色麵團，擀平後以圓形花嘴壓出數個約綠豆大小的黑色小圓球，當作眼睛。

10
利用步驟9剩餘的部分，切出數條約0.1公分寬的長條，揉成細線當作嘴巴。

11
取深紅色麵團，以圓形花嘴壓出數個約紅豆大小的深紅色小圓球，當作腮紅。

12

取一星星狀麵皮，表面擦上些許水。

13

將眼睛、嘴巴及腮紅分別黏上，小星星饅頭完成。

發酵

14

將做好的星星饅頭放入蒸籠，表層噴濕。

15

靜置等麵團發酵至1倍大，待麵團拿起時變輕，即表示發酵完成，準備入鍋蒸煮。

蒸煮

16

將蒸籠放入電鍋，外鍋放1.5杯水，外鍋水蒸乾開關跳起即可出爐（約可蒸3層18顆），放涼後，即可將冰棒棍插入。

17

待星星饅頭放涼後，便可以紙棍單個插入。

18

再分別以包裝袋個別包裝即可。

甜芳小叮嚀

1　變化麵團顏色時，要先將少量色粉加入白麵團裡，利用手揉或桌上型壓麵機不斷壓折，讓顏色吃進去。

2　發酵好了的饅頭若要以瓦斯爐蒸，請先將水放入鍋中，開大火，待水煮滾，放上蒸籠，以大火蒸煮15分鐘。

3　除了星星的形狀，也可以做成圓形，串成一串也很可愛。

4　麵皮的顏色可依個人喜愛變化。

彩虹起司包

利用天然食材製成的色粉融入麵團中，揉出彩虹般的色澤，把它們變化成一顆顆美麗又吸睛的彩虹起司包，一口咬下，爆漿的內餡又製造出另個驚喜，甜芳老師用心製作的彩虹起司包，希望為你打開美好燦爛又有活力的一天。

材料

份量	14 個
道具	擀麵棍或桌上型壓麵機、9×9 饅頭紙
蒸鍋	10 人份電鍋
蒸煮時間	外鍋 1.5 杯水
賞味期	密封常溫保存 2 天、冷藏保存 3 天、冷凍保存 1 個月
建議售價	45 元／個

食譜示範：王甜芳

麵團

水	250CC
白砂糖	40克
橄欖油	5克
速發酵母	1茶匙
中筋麵粉	500克

食用色粉

紅色麵團：紅麴粉1克
橘色麵團：紅麴粉1克＋南瓜粉2克
黃色麵團：南瓜粉5克
綠色麵團：菠菜粉（或抹茶粉）1克
藍色麵團：蝶豆花粉（或梔子花粉）0.5克
紫色麵團：紫薯粉1克

內餡

不可融性起司丁	1包
可融性起司絲	1包

基礎麵團

1

依小星星冰棒饅頭（P.139）步驟1～3，完成基礎麵團。

2

將麵團取出，分割成300克及526克的兩個麵團備用。

彩虹麵團

3

將526克的白色麵團分成6等分，每等分87克。

4

將6顆白色麵團分別與配方中食用色粉調勻，製成彩色麵團。

白色間隔麵團

5

將300克白色麵團分成6份，每份50克。

整型

6

將白色麵團擀壓成長14×寬15×厚0.1公分的麵皮；各色麵團擀壓成長14×寬15×厚0.2公分的麵皮。

7

依一片彩色麵皮、一片白麵皮的方式層層往上疊起，每個麵皮與上一層都有約0.5公分的距離。麵皮順序為：白色→紫色→白色→藍色→白色→綠色→白色→黃色→白色→橘色→白色→紅色。每疊上一層，就要在表面刷一點水，方便麵團黏緊。

8

兩邊長邊以擀麵棍略微壓緊實，以免捲起時麵皮分離。同時在紅色麵皮下方抹水，上下翻面後也在彩色漸層麵皮處抹水（剛才紅色抹水處在其背面），等等捲起時能夠捲緊不鬆脫。

9

慢慢由下往上捲起，在捲起過程中，可以抹水在白麵皮上，有利於捲出漂亮、緊實的圓形長條狀。

10

捲好的圓形長條麵團可以再前後揉緊，以利後續準備切割。

11

捲好揉緊的長條麵，每1公分切一刀。

12

將切面朝上，並用手略微壓扁。

13

麵皮翻面，包入10克起司（起司丁及起司絲各5克）。

發酵＆蒸煮

14

慢慢將起司包起，以底部收圓的方式，折起螺旋狀的收口，並將表面略微整型，使圓心盡可能保持在正中間。

15

將包好的彩虹起司包放入蒸籠，表層噴濕，靜置等麵團發酵至1倍大。

16

發酵好的麵團放入電鍋，外鍋放1.5杯水，開關跳起即可出爐。放涼後，以透明袋單個包裝。

 甜芳小叮嚀

1　顏色深淺可依個人喜好調整，建議分次加入，慢慢調整顏色。製作時若家中無壓麵機，可以以手揉方式處理。手揉時若因加入色粉，導致麵團略乾，可加入1、2滴牛奶（或水），慢慢揉，讓色粉吃進麵團裡。

2　處理好的麵團在等待時，需要以塑膠袋或蓋子將麵團蓋住，以免表皮過乾。

3　如果需要使用天然食材，可以將南瓜、紫色地瓜、菠菜蒸熟打成泥，放入製冰盒製成冰塊保存使用。

4　若是將饅頭冷凍，建議蒸熱前先退冰，待水氣退完後再蒸，比較快蒸熱。

西瓜刈包

好吃又好看的造型刈包，淡淡的粉紅色配上新鮮菠菜的
嫩綠，飽滿又可愛的造型，是小孩看見都會尖叫的造型
刈包。這款是甜芳老師專為挑食小朋友製作的中式點心，
拿來夾入肉片、火腿、起司、蛋及生菜或是沙拉，看到
這可愛的造型，再挑食的小朋友，也忍不住咬上一口。

份量	4 個
道具	擀麵棍或桌上型壓麵機、12×12 饅頭紙
蒸鍋	10 人份電鍋
蒸煮時間	外鍋 1 杯水
賞味期	密封常溫保存 2 天、冷藏保存 3 天、冷凍保存 1 個月
建議售價	45 元／個

食譜示範：王甜芳

材料

基礎麵團

水	250CC
白砂糖	40克
橄欖油	15克
速發酵母	1茶匙
中筋麵粉	500克

食用色粉

粉色麵團：紅麴色粉	0.7克
淺綠麵團：菠菜色粉	0.5克
黑色麵團：竹炭粉	少許

基礎麵團

1

將麵團所有材料（除中筋麵粉外）放入鋼盆中，以攪拌刮刀混合均勻備用。

2

加入中筋麵粉，使用攪拌器以勾形攪拌棒將材料揉成均勻的白色麵團。

TIPS

麵團要呈現有光澤感才算完成。

彩色麵團

3

白色麵團各取80克、315克及10克，分別與配方中食用色粉混合製成淺綠、粉色及黑色麵團。

整型

4

將綠色麵團擀成16×6公分大小、粉紅色麵團擀成16×14公分大小，黑色麵團搓出數個約芝麻大小的小水滴狀備用。

5

粉紅色麵皮中間抹水，將綠色麵團居中貼上。

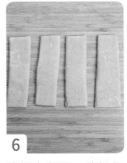

6

將麵皮翻面，將粉紅麵皮從16公分長邊分切成4等分。

7

將粉紅麵皮切除左下及右下兩角。

8

將麵皮折疊起來，再切除另外兩個角，使其成為一個西瓜刈包。

9

粉紅色麵皮內部抹油，這樣蒸起來麵皮才不會相黏。

10

再取步驟4做好的芝麻大小的黑色麵團，黏貼在粉紅色麵皮上當成西瓜籽。

11

西瓜刈包就完成。

發酵

12
將做好的西瓜刈包放入蒸籠，表面噴濕。

13
靜置等麵團發酵至1倍大，待麵團變輕，即表示發酵完成，準備入鍋蒸煮。

蒸煮 & 包裝

14
將蒸籠放入電鍋，外鍋放1杯水，外鍋水蒸乾開關跳起即可出爐。（約可蒸1層4份刈包）

15
將想放入刈包中的食材加入，每單個包裝。

關於甜芳

愛上造型饅頭 踏進有趣的麵點世界

因為孩子，我走上了烘焙路……。

自從大寶出生之後，我從原本蔥薑蒜不分的人，開始研究食物，也逼著自己一天煮食一道自己不會的料理。有一天意外接觸到麵團，也想動手試看看，好友卻笑著跟我說，麵團需要發酵，根本不是妳這個門外漢可以搞定的啦！

我自己在心裡想著：「真的嗎？」也不跟好友爭辯，就在家裡默默的嘗試。做著做著，從剛開始一個個很醜的作品中，慢慢的摸出一點小小心得，就這樣，我一腳踏進了造型饅頭的有趣世界，而它也打開了我人生的視野。

這一路走來，我很慶幸在饅頭上有一群和我肩併肩的好友，也感謝老公、孩子的鼓勵，更謝謝身邊一路支持我走來的朋友們，這份成就帶我走過產前產後的憂鬱育兒人生，也讓我認識手工麵食文化的博大精深。

未來，我期待讓更多人認識可愛的手工麵食文化，因為手作感是如此的療癒人心，而看似樸實的中式麵點，卻又有著那麼迷人的魅力。期待我的小小分享，也能讓你感受到它深度的那一面，也為你家的餐桌，帶來一點笑聲與滿足。

149

園遊會不敗熱賣鹹食

除了蛋糕、餅乾、飲料外，園遊會裡的鹹食，絕對是經典不敗款！尤其是茶葉蛋、滷味、壽司及鹽酥雞等，每攤都大排長龍。愛柴老師是社團鹹食料理高手，想知道這些商品怎麼做出來的嗎？讓愛柴老師告訴你！

茶葉蛋

示範影片

份量	24 顆
模具／道具	10 人份大同電鍋
烹調時間	電鍋 45 分鐘
賞味期	密封冷藏保存 7 天
建議售價	10 元／顆

食譜示範：人愛柴

材料
食材
雞蛋24顆

調味料
水1,800克
醬油90克
紅茶葉20克
綠茶葉10克
冰糖100克
丁香2克
月桂葉2片
八角3顆
甘草3片
白胡椒粉1/4茶匙
五香粉1/4茶匙
鹽2大匙

製作水煮蛋
1 準備一鍋可以蓋過雞蛋的水，以大火加熱至沸騰。
2 將蛋放入，煮7分鐘後熄火，蓋上蓋子燜1分鐘即可。

Tips
需使用常溫蛋，若用冷藏放入熱水中，蛋容易爆開。

煮茶葉蛋
3 完成的水煮蛋，取出泡入冷水5分鐘。
4 待蛋冷卻，即可以湯匙輕敲蛋殼，讓它產生裂痕，方便快速入味。
5 將敲好的水煮蛋與調味料全部放入內鍋，外鍋加3米杯水（約450克)，按下開關直至開關跳起（約45分鐘）。
6 煮好後，取出內鍋，蓋上蓋子讓食材燜在湯汁裡浸泡2小時，茶葉蛋即成。

包裝
7 煮好放涼的茶葉蛋可以塑膠袋單顆包裝販售。

愛柴小叮嚀
1 調味料中的丁香、甘草可至中藥店購買，其他材料超市都找得到。
2 也可用大同電鍋完成白煮蛋。準備2～3張廚房用紙巾，將紙巾吸滿水，不用刻意擠乾，平鋪於電鍋底部。擺上常溫蛋，不論是擺上幾顆，或是疊高疊滿都可。蓋上鍋蓋，壓下開關，待開關跳起即成。
3 紅茶葉幫助上色，綠茶葉凸顯茶香，但若沒有綠茶葉，也可全部用紅茶葉，或以高山烏龍茶替代綠茶。
4 若要連蛋黃都有入味的感覺，可以在步驟5煮好放涼後，放進冰箱冷藏至隔天，電鍋外鍋再加2米杯水（約300克），再煮　回。

綜合滷味

示範影片

食譜示範：人愛柴

份量	4 斤
模具／道具	10 人份大同電鍋／瓦斯爐
烹調時間	第一階段：瓦斯爐 15 或 30 分鐘 第二階段：電鍋 15 或 30 分鐘
賞味期	密封冷藏保存 3 天、冷凍保存 1 個月
建議售價	50 元／盒／綜合切片

材料

滷製食材
豬菊花肉600克
豆乾300克
豬大腸600克
海帶300克
豬頭皮600克

汆燙材料
水1,500克
青蔥1根
薑3片
鹽巴1大匙

糖色材料
食用油1大匙
冰糖3大匙

調味料
市售滷包1包
蒜頭20克
胡椒粉1/4茶匙
青蔥2根
甘草3克
醬油230克
米酒120克
辣豆瓣醬1大匙
水1,500克

1 青蔥切段；薑切片；蒜頭拍碎去皮，加入 1,500克的滾水中。

2 汆燙食材洗淨，分別放入滾水中汆燙：豆乾、海帶、菊花肉、豬頭皮5分鐘；豬大腸15分，汆燙完成放入內鍋備用。

3 準備炒鍋，開中火，放入食用油及糖。拌炒至糖融化，糖的顏色慢慢變化，由紅茶色慢慢轉成焦糖色熄火，倒入步驟2。

4 將調味料全部放入內鍋，置於瓦斯爐，先開大火煮滾，轉小火慢滷30分鐘。時間到再將內鍋放入電鍋內，外鍋放2米杯水（約300克），再滷至電鍋跳起。滷製完成後，將內鍋取出，食材再浸泡1小時，超好吃滷味完成。

5 完成的滷味放涼後，可以切成一份一份，裝入透明塑膠盒販售。

愛柴小叮嚀

1 滷包在超市或中藥店都可買到。豬菊花肉就是嘴邊肉。

2 滷味先以瓦斯爐滷過，較入味，若是全部都以電鍋製作也可以，但味道會稍嫌不足。

3 本配方因為已滷製過豆乾、海帶，這類食材容易讓滷汁腐敗，所以不能當老滷汁，想要滷汁能做老滷，只能滷製純肉類，至於豆乾、海帶這類食材，得完全避免。

4 滷味可以多做，滷製完成可分裝冷凍，想吃時退冰至常溫就可直接吃；滷汁可以當作燙青菜的淋醬，也很美味。

5 常見食材滷製時間建議表

瓦斯爐 30 分鐘＋電鍋 30 分鐘	瓦斯爐 15 分鐘＋電鍋 15 分鐘
豬菊花肉、豬大腸、豬頭皮、豆乾、海帶、黑豆乾、雞腿	豬血糕／米血糕、甜不辣、百頁豆腐、鴨舌頭、雞心／雞肝、雞胗、雞腳

鮪魚肉鬆壽司

示範影片

份量	20.5×19 公分 ×4 捲
模具／道具	壽司捲簾
賞味期	密封常溫保存 1 天
建議售價	60 元／盒／ 8 個

食譜示範：人愛柴

材料
市售壽司捲用海苔（20.5×19公分）4 片
白米400克
水400克
小黃瓜1條、蛋3顆
鮪魚罐頭1罐、肉鬆80公克

調味料
市售壽司醋140公克
鹽6公克、細砂糖35公克

其他
水900公克、冰塊適量

道具
壽司捲簾1張

1 將壽司醋、鹽及細砂糖全部放入大碗中，攪拌至糖融化備用。

2 白米洗淨加水，用電鍋煮熟再燜5分鐘後，趁熱倒入一個底面積較大的盤子中，拌入調好的醋汁，以飯匙將米飯撥鬆拌勻，冷卻備用。

3 小黃瓜切成條狀放入滾水中汆燙3分鐘，取出放入冰塊水冰鎮5分鐘，瀝乾備用；蛋打散煎成薄片狀後，起鍋後切長條備用。

4 海苔平鋪於捲簾上，取適量的飯放在海苔上，只鋪靠近身體這頭的2/3；手上沾些許醋汁或白開水再抓飯，米飯一邊鋪一邊壓緊，米飯厚度約0.5公分。

5 擺上肉鬆、鮪魚、小黃瓜及蛋，或自己想包的食材，未鋪飯的1/3處沾一點水，方便壽司黏合，將壽司捲起。

6 分切時，記得先將刀子沾點水或抹點油再切，每切一次，就沾濕一次。切好壽司以小的塑膠盒每8塊裝成一盒販售。

愛柴小叮嚀

1 拌醋飯時千萬不要壓，要用飯匙輕撥，才會粒粒分明、閃閃亮亮。剛拌好的醋飯是濕濕的是正常的，待涼了後，米飯吸飽醋汁就會變乾爽。

2 使用一般白米即可，不用特別買壽司米，當然使用壽司米絕對會加分！

3 拌好的醋飯以容器裝好，包好保鮮膜，並用牙籤在保鮮膜上戳2～3個小洞，這樣可以常溫擺放24小時。

4 完成的壽司盡量在8～12小時內食用完畢。壽司若吃不完，可以用報紙包好，放在冰箱的蔬果層，隔天再吃，米飯依舊不會變硬。

153

蒜香鹽酥雞

示範影片

份量	600 克
模具／道具	可油炸鍋具×1，濾油杓子×2
賞味期	常溫保存 1 天
建議售價	50 元／100 克／袋

食譜示範：人愛柴

材料

食材
雞里肌肉600克

調味料
蒜泥1小匙
醬油膏2大匙
米酒1大匙
白胡椒粉1/4茶匙
五香粉1/4茶匙
荳蔻粉1/4茶匙
甘草粉1/4茶匙
地瓜粉1米杯

炸油
沙拉油1,000cc

1　雞里肌肉沖洗乾淨，以廚房紙巾吸乾水分，切成5公分大小的塊狀，加入調味料（地瓜粉除外）抓勻，醃製至少30分鐘。

2　地瓜粉倒入平盤容器中，倒入醃製好的雞肉，均勻裹上地瓜粉，靜置一旁等待5～10分鐘讓雞肉表面反潮。若粉過多可稍微拍打，讓粉落下來。

3　沙拉油放入炸鍋中，開中火待油溫至170℃。抓一點地瓜粉入油鍋，粉馬上浮起並起泡，即達油溫。

4　慢慢將雞肉放入油中，放入後先靜置不動，待1分鐘後再翻動它，才會定型。油炸約3分鐘後，待肉的表皮呈金黃色就可先起鍋。

5　開大火讓油繼續熱至180℃，將油炸過第一次的雞肉放入，油炸1分鐘起鍋，置於一旁瀝油。油鍋熄火後，放入九層塔，油炸至透明酥脆瀝油起鍋，與雞肉混合，每100克裝成一袋販售。

愛柴小叮嚀

1　想要讓雞肉更入味，醃製時間可拉長至3小時。

2　反潮是指附著於食材表面的粉，吸滿水分後變潮濕，沾黏在食材上，這樣油炸時不容易掉粉。

3　第二次油炸的目的是逼出第一次油炸裡的油脂，同時也讓表皮更脆。

4　可以先油炸第一次後，將肉冷凍起來，等到要吃的時候再退冰15分鐘，炸第二次約5分鐘即可。

走進廚房 恣意揮灑我的手作魔法

身為家中老大的我，從小就很愛在廚房搞東搞西，廚房就是我的祕密基地，沒事總愛窩在那裡，用媽媽買回來的食材，變出一道道好吃的料理，當我的努力獲得家裡人的讚賞時，就是我最開心的時刻。

但是與烘焙結緣，卻是在結婚後，婆婆送給我的一台麵包機，開啟了我的烘焙世界。重視養生的她，希望我能自己動手做麵包、蛋糕給家人吃，不僅衛生乾淨，也能依照自己的需求，製作美味的甜點。

第一次使用麵包機做吐司，不意外的失敗了，不過卻也因此激起我不服輸、想挑戰的個性，於是乎我開始在網路爬文、買書，也加入烘焙社團挖寶做功課。而因為得照顧家中幼兒，所以還沒有機會上烘焙課，只能在家自學練習，用失敗累積經驗值，透過社團和社員們的互動與分享，做出一道道美味的料理與甜點。慢慢的，我愛上烘焙，在廚房料理、做烘焙，是我最享受的時光，而讓家人吃得開心、吃得滿足，就是我最大的驕傲！

謝謝嘉慧管管的邀請，讓我能跟一群漂亮又手巧的老師們一起參與這本書，和大家分享在園遊會中吸睛、熱賣的商品。當然這些商品你也可以在家做給家人們享用，相信一定會獲得滿滿的讚美聲！

謝謝你們願意購買這本書，在分享的同時，還能為公益盡一份小小的心意，對我和其他老師們來說意義重大。希望勇於挑戰的我，能一次比一次進步，而我當然也會義不容辭的繼續快樂的分享下去，就讓我們一起在烘焙的世界裡逍遙吧！

COOK50183

幸福園遊會

蛋糕甜點、飲品鹹食、餅乾零嘴一網打盡，一書在手，園遊會、慶生會、開Party不用愁

國家圖書館出版品
預行編目資料

幸福園遊會：蛋糕甜點、飲品鹹食、餅乾零嘴一網打盡，一書在手，園遊會、慶生會、開Party不用愁／管的幸福烘焙聯合國著 --初版--台北市：朱雀文化，2019.03
面；公分，--（Cook50；183）
ISBN 978-986-97227-4-2（平裝）
1.點心食譜

427.16　　　　108002171

作者｜管的幸福烘焙聯合國
攝影｜徐榕志
美術設計｜See_U Design
編輯｜劉曉甄
校對｜連玉瑩
行銷｜石欣平
企畫統籌｜李橘
總編輯｜莫少閒
出版者｜朱雀文化事業有限公司
地址｜台北市基隆路二段 13-1 號 3 樓
電話｜02-2345-3868
傳真｜02-2345-3828
劃撥帳號｜19234566　朱雀文化事業有限公司
e-mail｜redbook@ms26.hinet.net
網址｜http://redbook.com.tw
總經銷｜大和書報圖書股份有限公司 (02)8990-2588
ISBN｜978-986-97227-4-2
二版一刷｜2019.07
定價｜380 元
出版登記 北市業字第1403號

About買書：

●朱雀文化圖書在北中南各書店及誠品、金石堂、何嘉仁等連鎖書店均有販售，如欲購買本公司圖書，建議你直接詢問書店店員。如果書店已售完，請撥本公司電話(02)2345-3868。

●●至朱雀文化網站購書（http://redbook.com.tw），可享85折優惠。

●●●至郵局劃撥（戶名：朱雀文化事業有限公司，帳號19234566），掛號寄書不加郵資，4本以下無折扣，5～9本95折，10本以上9折優惠。